黄河三角洲地区棉花生产机械化

姜学森 主编

山东科学技术出版社

图书在版编目(CIP)数据

黄河三角洲地区棉花生产机械化 / 姜学森主编.
—济南：山东科学技术出版社，2018.5
ISBN 978-7-5331-9426-0

Ⅰ.①黄… Ⅱ.①姜… Ⅲ.①黄河—三角洲—棉花—机械化栽培 Ⅳ.①S562.048

中国版本图书馆 CIP 数据核字(2018)第 051436 号

黄河三角洲地区棉花生产机械化

姜学森　主编

主管单位：山东出版传媒股份有限公司
出 版 者：山东科学技术出版社
　　地址：济南市玉函路 16 号
　　邮编：250002　电话：(0531) 82098088
　　网址：www.lkj.com.cn
　　电子邮件：sdkj@sdpress.com.cn
发 行 者：山东科学技术出版社
　　地址：济南市玉函路 16 号
　　邮编：250002　电话：(0531) 82098071
印 刷 者：青州市新希望彩印有限公司
　　地址：青州市昭德北路中段(张河社区)
　　邮编：262500　电话：0536－3539196

开本：880mm×1230mm　1/32
印张：5.5
字数：120 千
印数：1～1000
版次：2018 年 5 月第 1 版　2018 年 5 月第 1 次印刷

ISBN 978-7-5331-9426-0
定价：20.00 元

编 委 会

主　编　姜学森

副主编　刘向新　何　磊　徐纯杰　王武军　燕海云　侯元勋

编　写　（以姓氏笔画为序）：

王　平　王友红　王　英　王洪志　王洪村
王振芹　王景国　艾学梅　田景玉　刘士爱
刘振燕　牟作鹏　孙亚峰　孙丽丽　李小军
李同增　李建业　李海河　李　萍　杨民志
杨春明　杨　斌　吴爱民　吴爱明　张新明
郑子森　郑　俊　胡延美　姜小芳　徐千祥
徐　雷　高天岭　高玉峰　曹志红　商海波
盖继海　韩　斌

安置于打包机的正面最佳观察位置处，内部装有操纵按钮、PLC 等。主机是整台打包机的主体部分，由机架与多个执行或功能装置组成。

机架为框架结构，由底座、左右立柱、上横梁、中心柱等组成，是安装各执行装置的平台和基准。

主机部分执行（或功能）装置有喂棉与预（踩）压装置、顶压装置、脱箱油缸、棉箱与转盘、提箱机构、转箱机构、定位装置、钩棉装置、走台、出包油缸。

主机的结构特点：主油缸和预（踩）压装置对称布置在机架横梁上，两套结构新颖的整体结构棉箱对称分布于转盘上。棉箱与转盘可绕中心柱旋转，实现预（踩）压与打包的工位互换。整机美观整齐，特别是主油缸置于机架上方，因而构筑地基与厂房时不需另行土建施工楼板，地下施工量小，土建费用低。

辅机部分有接包小车、推包器、套包器、输送带等。

（2）各执行（功能）装置的结构与作用：

① 喂棉装置。由框体、导向架、喂棉油缸、推棉板、导向滚轮等组成。喂棉装置与淌棉道相连接，其作用是不断地将淌棉道流淌下来的物料推到棉箱口。

② 预（踩）压装置。由预压油缸、导向柱、踩板、挡棉板、导向轮等组成。主要作用是将物料踩入棉箱内预压缩。预（踩）压装置的另一作用就是在转箱时挡住淌棉道下来的物料。

③ 顶压装置。由主油缸总成、顶压板、行程杆等组成，作用是将松散的纤维物料压缩致密以捆扎成包。

④ 脱箱油缸。脱箱油缸的作用是实现棉箱的上升（整体脱箱）、下降（棉箱复位）。

⑤ 棉箱与转盘。棉箱的作用是盛装物料并配合主油缸将

物料压缩致密。转盘部分由转盘、棉箱导向柱、连接座、横条等组成，主要作用是承载棉箱。

⑥ 提箱机构。提箱机构由提箱油缸、提升座、提升杆、扁担铁等组成，作用是使棉箱与转盘升起，为棉箱实现工位变换创造必要条件。

⑦ 转箱机构。转箱机构由摆线针轮减速机（带电机）及安装于转盘下面的转箱链轮组成。当提箱机构将棉箱与转盘提升后，由它带动棉箱与转盘绕中心柱旋转。

⑧ 定位装置。定位装置由定位销、定位座、拔销电磁铁以及安装在转盘两端的定位板组成。由它保证棉箱在工位变换时能准确定位。

⑨ 钩棉装置。由钩棉器、拉簧、钩棉碰块等组成。钩棉器安装在棉箱上，作用是阻挡物料，不使它溢出箱口。

⑩ 走台。走台由栏杆、支撑槽钢、踏板、梯子、视罩门等组成。主要作用是提供一个位于打包机上方的工作平台。

⑪ 出包油缸。出包油缸位于底座内主压一侧。物料被捆扎成包后，由出包油缸推动转盘上的活动条铁将物料推出到接包小车的台面上。

⑫ 接包小车。接包小车由车体、行走装置、小车台面、台面升降油缸及液压装置等组成。作用是承接已成包的物料，然后运至推包器的推包臂的前端。

⑬ 推包器。推包器由支撑架、推包梁、推包臂等组成。作用是将小车台面上已成包的物料推到电子秤上称重。

⑭ 套包器。不生产裸包的不用套包器。生产裸包时，在套包器后端套有一包装袋，推包器将裸包推入此袋内。

⑮ 输送带。输送带的作用是将称重、缝裹好的成包物料输

送到打包车间门口，由夹包车将其运走。

4. MDY400 型液压打包机的工作(或工艺)流程

喂棉装置与预(踩)压装置协调动作，将淌棉道上流淌下来的物料喂入空棉箱并预压缩。当物料喂入量达到计量重量时，喂料与踩压停止，棉箱变换工位。变换结束后喂料与踩压重新开始，同时主油缸动作压缩物料。当压缩到预定位置时，主压停止，脱箱油缸将棉箱顶起，人工穿丝，搭扣。然后，主压工退上升，棉包被推出，由辅机部分将棉包带出称重、缝包等，最后将棉包送出打包车间。

第八章 条形码信息管理系统

一、棉花质量检验体制改革

棉花质量检验体制改革，是我国棉花流通体制改革的重要组成部分，也是建立棉花市场体系、发展棉花现代物流的关键。推进棉花质量检验体制改革，对提高棉花流通效率、降低棉花流通成本、提高棉花质量、增强我国纺织品国际竞争力，都具有十分重要的意义。

棉花质量检验体制改革的目标是，力争用 5 年左右的时间，采用科学、统一、与国际接轨的棉花检验技术标准体系，在棉花加工环节实行仪器化、普遍性的权威检验，建立起符合我国国情、与国际通行做法接轨、科学权威的棉花质量检验体制。

棉花质量检验体制改革的主要内容是，改用国际通用棉包包型，在加工环节采用快速检验仪实行仪器化公证检验，并对成包皮棉逐包编码实行信息化管理。具体包括：在加工环节实现公证检验，采用快速检验仪器进行仪器化科学检验，制定仪器化检验棉花质量标准，采用国际通用棉包包型，规范棉包重量，实行信息化逐包编码，发展棉花专业仓储，改革公证检验管理体制。

实行棉花质量检验新体制，现有的棉花加工企业均需改用新型大型打包机，并使用条形码等新技术，促进棉花加工企业加快联合、兼并、重组，实现规模化、产业化经营。

2006 棉花年度是棉花质量检验体制改革推广的第二年，各地棉花加工企业积极踊跃参与改革，有 500 多家已圆满完成了设备的更新改造，其中有 406 家企业按照质检改革的要求加工新棉并积极送检，送检大包皮棉由于质量指标真实可信，销售价格比同等级小包皮棉每吨高 200～300 元，提高了送检企业的经济效益。国家有关部门推出了多项改革扶持政策促进棉花质量检验体制改革，如落实加工企业设备改造贴息、铁路优先运输大包棉花、对大包棉花收储加价等，这些扶持政策都收到了较好的效果。为了大力推动改革，国家还将陆续出台优惠扶持政策，棉花质量检验体制改革已是大势所趋，势在必行。

二、MMIS-I 型棉包条形码信息管理系统

该系统是国家棉花质量检验体制改革工作协调指导小组办公室立项、由中棉工业有限责任公司北京中棉机械成套设备有限公司开发研制的产品，是研制完善棉花加工设备方面若干项目之一，是目前唯一的棉花质量检验体制改革棉包条形码信息管理系统配套产品。该产品将棉花加工、检验、流通作为一个整体，从信息流、物流、资金流全面考虑，成功地将加工厂、检

验机构、棉麻公司通过网络和软件连接在一起。该系统实现了现场实时采集数据、现场实时打印条码,从检验机构下载 HVI 检验数据、打印公检证书,字迹清晰、数据准确、公证性好;具有对加工厂进行工资结算、成本分析、查询统计、报表生成、码单打印、智能组批、自动销售、客户管理等功能,提高了企业的工作效率和管理水平,降低了人力成本,减少了手工操作造成的错误。

条码信息管理系统是国家棉花公证检验体制改革的轧花厂平台,由国家棉花质量检验体制改革项目实施小组组织开发。条码信息系统 2003 年进入实测运行,2004 年投入 19 家参与公证检验的轧花厂试运行,2005 年 3 月顺利通过部级新产品开发成果鉴定。

该系统在 19 家试点加工企业使用反映良好,2005 年在各参加公检的加工企业正式推广使用,2006 年投放到 409 家参加公检的加工企业使用,各项工作运行正常,达到预期使用目的,为国家棉花质量检验体制改革的顺利实施在技术和设备上提供了有力保障。

1. 项目介绍

由中棉工业有限责任公司北京中棉机械成套设备有限公司承担的国家棉花质量检验体制改革项目“条码信息管理系统”,以条码作为棉花初始信息的载体,实现了棉花加工、检验数据的信息化管理。该项目的研制开发,改变了加工环节人工重复抄写报表、重复检验、手工抄写销售码单、销售时人工计算的现状,实现了自动采集初始信息,自动形成报表、码单,网上下载检验数据,即对加工、检验、销售信息实现有效管理、快速查询、统计、传输。条码信息系统提供采集棉包初始信息、生成条码、准确与检验中心检验数据对接、完成轧花厂和棉麻公司内部管理、销售结算等功能。棉花质量检验体制改革方案中要求每个棉包都有全国唯一的身份标识——32位条码，在质量检验、内部管理和棉包物流过程中通过条码记载的信息对棉包实现全面管理。条码信息管理系统为我国棉花检验从抽样检验到逐包检验、从感官检验到仪器化检验的飞跃提供了重要技术基础。

2. 系统功能

自动采集包号、包重、回潮率等原始信息，自动打印条码，信息来源准确、快速，不受人为因素干扰。自动形成报表、码单，自动计算工资、销售量、交易金额等，对销售状况进行记录。对加工、销售状况进行查询、统计，随时监控加工、销售情况。棉包检验数据远程下载，快速传递信息，打印公证检验证书。可以根据检验结果挑包组批，根据每包回潮、含杂计算公定重量。

3. 系统组成及工作流程

系统组成原理图如图8-1。系统的整个工作过程是：打包机在打包的同时，在线回潮测定装置测出棉包回潮率，并将该数据发送给在线回潮测定装置的接收机；取样装置（取样刀）在棉包上取两个棉样，棉包经传送装置推放至电子台秤上后，电子秤上棉包的重量数据连同先前测量好的回潮率数据一并传送给IC卡数据采集器，数据采集器将该数据保存在IC卡和数据采集器中，同时发送打印命令给条码打印机打印该棉包的条码。打印的32位条码记载有该棉包的加工信息，同时也是该棉包的唯一“身份证”。两个较大的条码标签固定在棉包上，随棉包通行，两个较小的条码标签放在两个棉样中。当天加工结

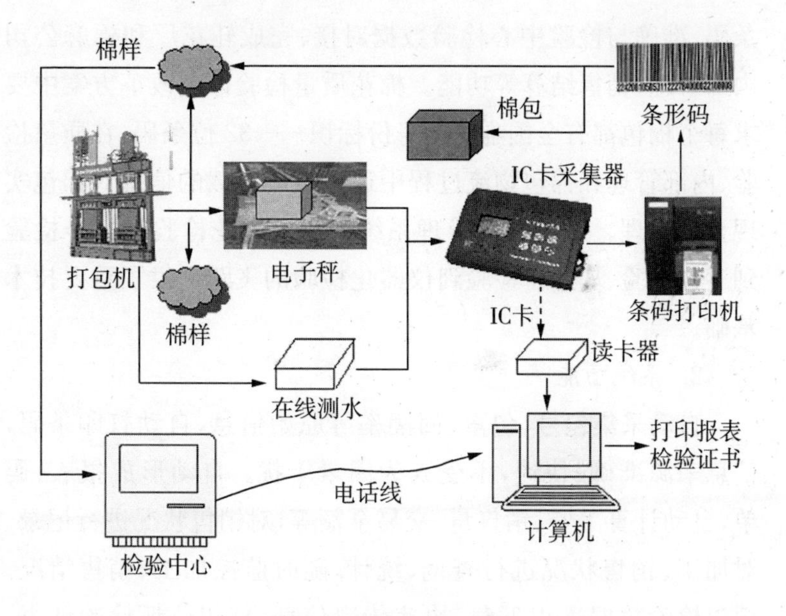

图 8-1　系统组成原理图

束后，一方面，把 IC 卡中的棉包加工信息通过读卡器读入计算机的数据库中；另一方面，把带有条码标签的棉样送承检机构，通过 HVI 设备检验后，检验结果保存在承检机构服务器的数据库中。加工企业通过调制解调器拨号到承检机构服务器，将检验数据下载到企业端计算机数据库中，根据条码这一唯一的“身份证”将检验数据和加工数据对应在一起，这样，用户可以方便地对棉包进行组批、销售、查询等操作，实现对本企业生产、检验数据适时、全面的管理。

序

东营市位于黄河三角洲地区，土壤含盐量较高，是山东省重要的产棉区域。棉花耐盐性强，黄河三角洲地区适宜植棉，棉花产业是东营市的优势产业和主导产业。近几年，由于农村劳动力向二三产业转移，棉花价格走低，人工成本偏高，种棉效益降低，棉花种植面积呈下滑趋势。农业的根本出路在于机械化，机械化又是农业现代化的最直观表现。如何实现棉花生产的全程机械化，提高棉花生产的机械化水平，大幅度节约成本和减少用工，是未来棉花生产的发展方向。特别是棉花的机械化采收尤为关键。目前，世界上一些农业技术发达的国家，棉花机械化采收率已达80%，尤其是美国、澳大利亚、以色列等国家，已形成了较为成熟的技术体系，基本实现了全程机械化，人均管理面积达到1 000亩，大幅度降低了生产成本，提高了棉花的国际市场竞争力。我国新疆地区人少地多，也基本实现了棉花生产全程机械化，人均管理面积达到200亩。由此可见，棉花机械化采收不仅是可行的，而且是势在必行。国内外的成功实践表明，棉花机械化采收具有降成本、提效率、增效益等特点，能够推动棉花生产的标准化、规模化、集约化发展。

东营市自2012年开始机采棉创新示范推广工作，现已建立10处机采棉示范基地，棉花机械化采收技术逐步趋于成熟，进入推广阶段。姜学森研究员及其工作团队，多年来致力于棉花生产全程机械化的试验和研究，积累了大量的实践经验，编写了《黄河三角洲地区棉花生产机械化》一书。相信该书的出版发行，能够推动黄河三角洲地区乃至黄河流域的棉花全程机械化的理论研究和实践探索。

东营市农业局党组书记、局长

2018年1月

前　言

黄河三角洲地区位于山东省境内的黄河入海口区域，包括东营、滨州、潍坊、德州、淄博、烟台6个设区市的19个县(市、区)，面积2.65万平方千米，占全省的六分之一，是我国第二大产棉区。棉花生产对当地农业发展、农民增收影响深远。棉花生产过程中的整地、播种、中耕、施肥、灌溉、植保和秸秆收获等环节已基本实现机械化，但棉花采收长期以来依靠人工完成，效率低、成本高，一度成为制约棉花生产全程机械化乃至区域农业机械化发展的“瓶颈”。改变传统棉花种植模式，推行棉花机械采收是广大棉农的迫切需要；攻克棉花机械收获难题，实现棉花生产全程机械化是现代农业发展的必然趋势。

自2012年开始，以东营市为代表，黄河三角洲地区积极开展机采棉创新示范工作，取得了较好成绩。截至2016年，东营市累计实现机采棉播种面积7 000公顷，机械收获棉花4 500公顷。全市拥有采棉机6台，占全省60%，拥有与机采棉配套的播种机、扶苗机、中耕施肥机、植保机等300多台。东营市已成为除新疆以外，全国机采棉种植面积和机械采收面积最多的地区，是全国内地省份机采棉技术推广的重点市。

一、机采棉推广缓慢的原因

在机采棉推进过程中，东营市各级政府、农机部门、机采农机合作社和植棉大户付出了艰辛的努力，但相对于全市每年 10 万公顷的棉花种植面积，5 年累计仅有不足 5 000 公顷的机收面积，说明机采棉推广的难度很大，进度缓慢。究其原因，主要有如下几个方面。

1. 棉花效益持续下滑，影响棉农植棉积极性

自 2010 年棉花创出籽棉 11.2 元/千克的高价以来，棉花价格一直在低位徘徊。2011～2016 年，籽棉价格分别为每千克7.0 元、7.5 元、8.4 元、6.4 元、6.0 元、6.3 元，但其间化肥、农药等生产资料不降反升，尤其是人工费大幅度攀升，加上风涝灾害频发，棉农植棉效益连年下降，导致棉花种植面积持续减少，2011～2016 年东营市棉花播种面积分别为 19.0 万、17.0 万、13.6 万、8.7万、7.6 万、5.3 万公顷。与小麦、玉米、水稻等粮食作物相比，植棉效益也处于劣势，种植棉花与种植粮食作物相比，平均每亩少收入 200～500 元。至 2017 年，除了部分盐碱较重的土地依然种植棉花以外，能够改种其他作物的土地基本上不再种植棉花。

2. 推行机采棉种植方式，种植和管理成本有所增加

机采棉与传统棉花在种植模式上最大的不同是行距发生了变化。为了适应采棉机对行收获，机采棉实行 76 厘米等行距种植，膜内、膜外行距均等，都是 76 厘米；传统棉花采用大小行种植模式，膜内行距 45 厘米，膜外行距 90 厘米。机采棉行距的加大，带来了种植和管理成本的增加。

一是薄膜费用增加。传统棉花种植采用 90 厘米宽的薄膜，

机采棉需要120厘米宽的薄膜，由于薄膜加宽，每亩需多投入10元左右。

二是更新机械需增加投入。由于行距加宽，种植传统棉花的小型拖拉机、扶苗机、中耕施肥机、植保机、拔柴机等小型机械无法适应机采棉，取而代之的是适应76厘米等行距作业的中型、宽轮距、高地隙拖拉机和宽幅播种机、扶苗机、中耕施肥机、植保机和拔柴机。改变传统种植方式、推行机采棉种植方式就意味着淘汰小型棉花种植机械，配置新型宽幅种植机械，棉农需增加投入更新机械。一般一套棉花种植机械可以耕种和管理20～30公顷，更新一套机械需要3万～4万元。

三是脱叶催熟增加的费用。为了提高棉花采净率、减少含杂率，棉花机械收获之前15～20天需要集中喷施脱叶催熟剂，一般每公顷需要300元左右。

3. 采棉机价格昂贵，棉农购置难度大

目前世界上公认的收获质量较好的采棉机是水平摘锭式采棉机，这种采棉机只有美国凯斯、迪尔和中国贵航平水3家公司能够生产，主要机型有3行、5行和6行3种，价格在100万～400万元之间。尽管国家对采棉机有30万～60万元/台购置补贴，但昂贵的价格对绝大多数棉农来说仍然难以企及。

4. 机采棉加工问题尚未解决，棉农卖棉难

相对于人工拾棉，机采棉含水含杂较高。人工采收的棉花含杂率不足1%，含水率4%左右，机采棉含杂率8%左右，含水率11%左右。机采棉中残存的枝叶、尘土等杂质和机采时不断喷洒的清新剂，必须用专门的清理设备清除。有两个渠道可以解决：一是直接新建一套机采棉清选加工流水线，大致需要投资1 500万元；二是改造现有棉花加工流水线，加装2～3道籽清设备和1

～2道皮清装置，以达到机采棉的加工要求，需要投资300万元左右。目前东营市仅有1处简易改造的机采棉加工生产线，棉农只能将机采棉与人工采摘的棉花混合，以较低的价格出售给当地的棉花加工厂。即便如此，在近几年棉花总体过剩的大背景下，棉农仍然面临着卖棉难的问题。

二、机采棉的优势

机采棉发展面临的问题是客观存在的，但与人工采收棉花相比，棉花机械收获好处也十分明显。

1. 减轻棉农劳动强度

棉花自9月初开始收获到10月底结束，棉农要进地采收4～5次。棉农弯腰采棉，风吹日晒，非常辛苦。实现棉花机采可以将棉农从繁重的采棉体力劳动中解放出来。

2. 替代大量劳力

人工采棉平均每亩用工3～5个。一台大型采棉机每小时收获棉花20亩，相当于800个人工。

3. 增加棉农收入

按每亩棉花产出250千克籽棉计算，雇佣人工采收需要500元，机械采收只需150元，机采比人工采收每亩节约采收费350元。除去机采棉加工后品级下降每亩减少100元(每千克籽棉降价0.4元)、机采损失每亩50元(损失率2%～3%)、脱叶催熟每亩增加费用20元外，实行棉花机采每亩节本增收180元。另外，机采棉实行76厘米等行距种植，有利于棉花通风透光，减少烂铃，与传统棉花种植模式相比，棉花的品质和产量均有所提升。

4. 麦棉一年两作成为可能

由于机械采收大大缩短了棉花采摘时间，在土质较好的地块，小麦收获后，选择棉花早熟品种或采用棉花机械移栽技术，可以实现小麦、棉花一年两作，提高土地产出率。

综合分析利弊，可以得出这样的结论：尽管机采棉在薄膜配置、机具更新、脱叶催熟等生产环节略多一些成本，机采棉加工后棉花品级也略有降低，但与传统棉花种植相比，因机采棉极大减轻劳动强度、大量替代劳动力以及在收获环节极低的作业成本和超乎寻常的工作效率等不可比拟的优势，机械采收将是今后棉花生产的不二选择。

棉花收获机械化是一项系统工程，不能孤立单一解决棉花采摘机械化的问题，必须将棉花品种、种植模式、田间管理、化学控制、脱叶催熟、机械收获和清选加工通盘考虑、综合研究，将农机农艺技术有机结合。对棉农而言，机采棉推广是棉花生产的革命性改革，必须打破传统观念，接受新的种植模式。在加快机采棉推广的进程中，政府的政策鼓励、资金扶持以及有关部门的通力合作将起到至关重要的作用。

三、推进机采棉健康发展

纵观农业机械化发展历史，无论是粮食作物还是经济作物，无论是简单劳动还是复杂劳动，机械代替人工是不可逆转的大趋势。我们坚信，随着农村经济的发展、农村劳动力价格的提升，以机械采收为核心的棉花生产全程机械化一定会实现。为此，应做好如下几方面工作。

1. 建立机采棉创新示范基地

要依托棉花种植大户、家庭农场或农机合作社，建立机采棉创新示范基地。依靠基地进行试验、研究、示范、宣传，影响和带动周边，让更多的人认识、了解和接受机采棉技术。

2. 探索棉花生产全程机械化技术路线

综合研究土地平整、品种选择、种植规格、机械播种、中耕管理、抗旱防涝、机械植保、化学控制、脱叶催熟、机械收获、清理加工、秸秆收集等棉花生产各个环节，形成科学合理的棉花生产全程机械化技术路线，并不断在生产实践中创新和完善，指导棉花生产全程机械化技术推广。

3. 提升棉花生产机械配备水平

研制、引进土壤深松机、平整机、棉花精量播种机、高地隙拖拉机、扶苗机、中耕施肥机、植保机、采棉机、清理加工设备和秸秆拔除收集机械，高起点配置各种机具，优化机械系统，降低机械作业成本，提高作业质量和运行效率。

4. 改造棉花加工设备

按机采棉加工要求，扶持棉花加工企业新建或改造现有棉花加工生产线，增加籽清、皮清装置，提高机采棉加工质量和加工能力，敞开收购和加工机采棉。

5. 加大政策扶持力度

国家农机购置补贴资金要向棉花生产倾斜，优先保证棉花全程机械化购机需要。各级政府应拿出专项资金，用于与机采棉技术相关的机械引进、试验示范和推广应用，促进棉花全程机械化发展。培育多元化棉花生产全程机械化主体，鼓励植棉大户、家庭农场购置农机自用并为其他农户服务。支持农机大户、农机合作社从事专业化棉花生产机械作业服务。扶持采棉机拥有者跨区作业、订单作业，鼓励机采棉加工企业收购加工机采棉。积极推动棉花规模化种植，促进棉花生产适度规模经营。推进大机器、大地块、高效率作业，提高棉花生产经济效益。合理引导机采棉种植者、采棉机拥有者和棉花加工企业利益分配，形成良性循环、可持续发展的机采棉市场化生产经营模式。

6. 强化部门协作

棉花全程机械化涉及农机、农艺、供销、财政等多个方面，需要各有关部门通力协作，鼎力支持。农机部门要做好机采棉发展整体规划，装备先进机械，提升棉花生产全程机械化整体水平；农艺部门要研究机采棉种植模式，培育机采棉优良品种，保障机采棉优质高产；供销部门要集中力量建设机采棉清选加工生产线，满足机采棉收购加工需求；财政部门要提供资金扶持，鼓励棉农、机手、家庭农场和农机合作社积极参与机采棉技术推广，推进棉花生产全程机械化健康发展。

本书以棉花机械收获为核心，重点介绍与机械收获配套的棉花栽培农艺技术、机采棉播种与田间管理机械、棉花植保机械、棉花脱叶催熟机械、棉花机械收获配套工艺和棉花清理加工设备。

由于作者水平有限，书中难免有错误的地方，恳请读者批评指正。

编　者

目 录

3. 风幕式喷雾机

这种喷雾机，在喷杆上方装有一条气袋，气袋在正对喷杆上每个喷头的位置都开有一个气孔，由风机向气袋提供具有一定压力的空气。作业时，从气袋气孔中排出的气流与从喷杆喷头中喷出的药液相互撞击，形成二次雾化，并在气流的作用下，充分雾化的药液加速吹响棉株。由于高速气流对棉花叶片有翻动作用，有利于雾滴在叶片中穿透，并在叶片正反两面均匀附着(图 4-3)。这种喷雾机还可以有效地防止细小雾滴的飘移，提高农药利用率，减少农药对农业生态环境的破坏。

图 4-3　风幕式喷雾机

4. 弥雾机

这种机动弥雾喷粉机主要由药箱、离心式风机、喷管、汽油发动机等部分组成(图 4-4)。当弥雾作业时，风机叶轮由汽油机输出轴带动旋转，产生高速气流。其中大部分气流经风机出口进入喷管，小部分气流经软管、滤网后返入药箱内，使密闭的药箱内压力增加，这时药液便经过输液管由喷头喷出。喷出的药液受到高速气流的冲击被弥散成极细的雾滴，吹向远方。这种喷雾机的特点是药液雾化充分，雾滴细小；缺点是容易发生药液飘逸。由于这种喷雾机体积小，药箱小，所以多用于小地块、小规模作业。

图 4-4　弥雾机

第五章
采棉机械

一、普通采棉机械

1. 滚筒式水平摘锭采棉机

该机的采摘部件(工作单体)主要由水平摘锭滚筒、采摘室、脱棉器、淋洗器、集棉室、扶导器及传动系等构成(图 5-1),每组工作单体 2 个滚筒,前后相对排列;摘锭成组安装在摘锭座管体上,摘锭座管体总成在滚筒圆周均匀配置,一般每个滚筒上配置 12 个摘锭座管总成,在每个摘锭座管上端装有带滚轮的曲拐。采棉滚筒做旋转运动时,每个摘锭座管与滚筒“公转”,同时每组摘锭又“自转”。工作时,由于摘锭座管上的曲拐滚轮嵌入滚筒上方的导向槽,因此在滚筒旋转时,拐轴滚轮按其轨道曲线运动,摘锭座管总成完成旋转、摆动的运动,使成组摘锭均在棉行成直角的状态进出采摘室,并以适当的角度通过脱棉器和淋洗器。在采摘室内,摘锭上下、左右间距一般为 38 毫米,呈正方形排列,以包围着棉铃，由栅板与挤压板形成采摘室。脱棉器的工作面带有凸起的橡胶圆盘，并高速与摘锭反向旋转。淋洗器是长方形工程塑料软垫板，可滴水淋洗摘锭。采棉机的采棉工作单体设在驾驶室前方，棉箱及发动机在其后部，通常情况下采棉机采用后轮导向且大部分为自走型(图5-1)。

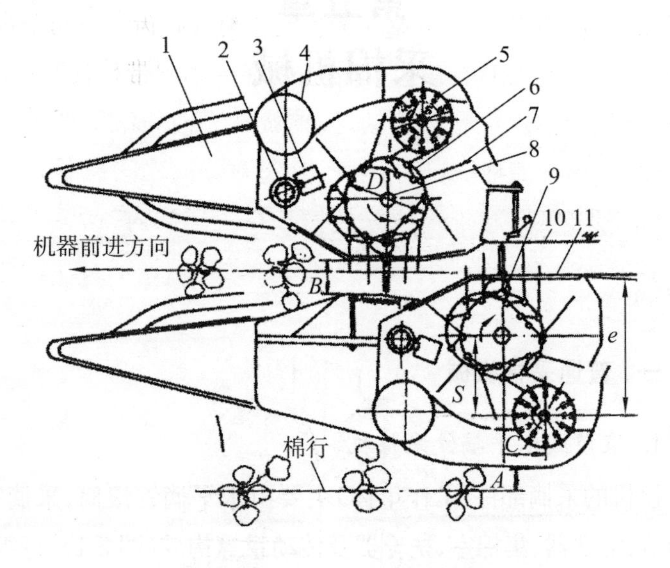

图 5-1　滚筒式水平摘锭采棉机

1. 棉株扶导器　2. 湿润器供水管　3. 湿润器垫板　4. 气流输棉管
5. 脱棉器　6. 导向槽　7. 摘锭　8. 采棉滚筒　9. 曲柄滚轮
10. 压紧板　11. 栅板

工作过程是：采棉机沿着棉行前进时，扶导器压缩棉株，送入工作室，摘锭插入被挤压的棉株，钩齿抓住籽棉，把棉絮从棉铃中拉出来，缠绕在摘锭，高速旋转的脱棉器把棉絮脱下，由气流管道送入集棉箱，摘锭从湿润器下边通过，涂上一层水，清除掉绿色汁液和泥土后，重新进入采棉区。

2. 垂直摘锭式采棉机

垂直摘锭式采棉机的采棉部件主要由垂直摘锭滚筒、扶导器、摘锭、脱棉刷辊及传动机构等组成(图 5-2)。每一个采棉工作单体(采收一行棉花所需部件总成)有 4 个滚筒,前、后成对排列,通常每个滚筒上有 15 根摘锭,摘锭为圆柱形,直径约 24 毫米(长绒棉摘锭直径 30 毫米),摘锭上有 4 排齿。每对滚筒的相邻摘锭呈交错相间排列,摘锭上端有传动皮带槽轮,在采棉室,由外侧固定皮带摩擦传动,摘锭旋转方向与滚筒回转方向相反,摘锭齿迎着棉株转动采棉。在每对滚筒之间留有 26～30 毫米的工作间隙,从而形成采摘区。在脱棉区内,摘锭上端槽轮由内侧固定皮带摩擦传动而使摘锭反转,迫使摘锭上的锭齿抛松籽棉瓣,实现脱棉。工作过程与水平摘锭式采棉机基本相

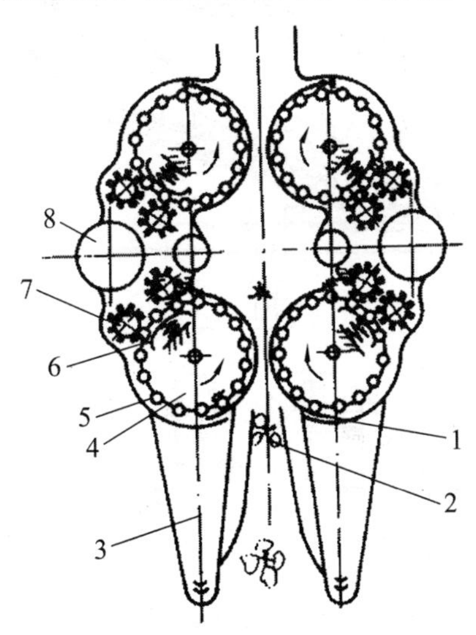

图 5-2　垂直摘锭式采棉机

1. 工作区摩擦带　2. 棉行　3. 扶导器　4. 采棉滚筒　5. 摘锭
6. 脱棉区摩擦带　7. 脱棉刷辊　8. 输棉风管

同，所不同的是这种采棉机配置了一个气流式落地棉捡拾器，在采摘的同时，将棉铃中落下的籽棉由气流捡拾器拾起，送入另一棉箱。与水平摘锭式采棉机相比，垂直摘锭采棉机摘锭少，结构简单，制造容易，价格低，但采净率低，落地棉多，适应性差，籽棉杂率高。

3. 摘棉铃机

该机能在棉田中一次采摘全部开裂（吐絮）棉铃、半开裂棉铃及青铃等，故也称一次采棉机（图 5-3）。此机一般配有剥铃壳、果枝、碎叶分离及预清理装置，采摘工作部件主要分为梳齿

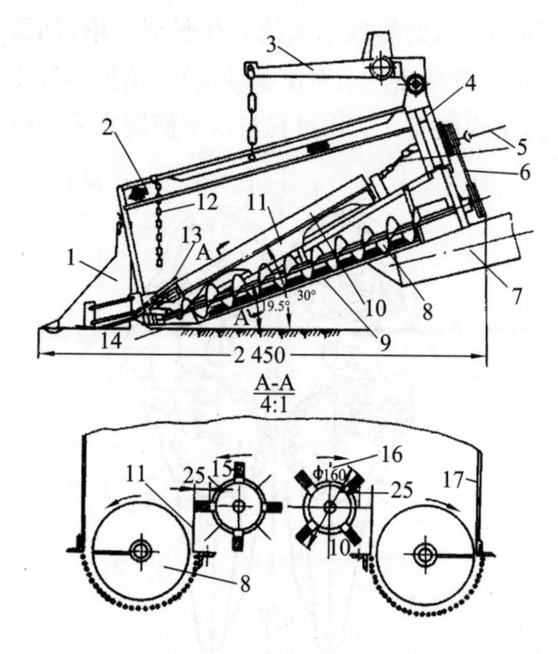

图 5-3 摘辊式摘棉铃机

1. 扶导器 2. 网罩 3. 升降吊臂 4. 采棉部件吊架 5. 万向节 6. 传动胶带 7. 集棉螺旋 8. 输棉螺旋 9. 格条筛式包壳 10. 摘辊 11. 脱棉板 12. 挡帘 13. 低棉桃采摘器 14. 滑撑 15. 尼龙丝刷 16. 橡胶叶片 17. 侧壁

式、流指式、摘辊式。机具结构简单,作业成本较低。由于工作部件为梳齿式、流指式、摘辊式,采摘后的籽棉中含有大量的铃壳、果枝、碎叶片和未成熟棉及僵瓣棉,造成籽棉等级降低,因此,此类机器仅适用于棉铃吐絮集中、棉株密集、棉行窄、吐絮不畅、且抗风性较强的棉花。可用于其他采棉机采收后的二次采棉作业。

4. 气力复合式采棉机

该机采用吹和吸的气流同时作用于被采摘的棉株上。机器工作时,棉株从机器的两个气嘴之间通过,其中一个产生正压气流,一个产生负压气流,在这两种气流联合作用下,籽棉被送入输送装置向外输出。为了提高效率,利用旋转的打壳器打击棉株,使籽棉更有利于从棉壳中脱出。这种采棉机采摘效率很低且采净率低,落地棉较多,只有试验,没有产品(图 5-4)。

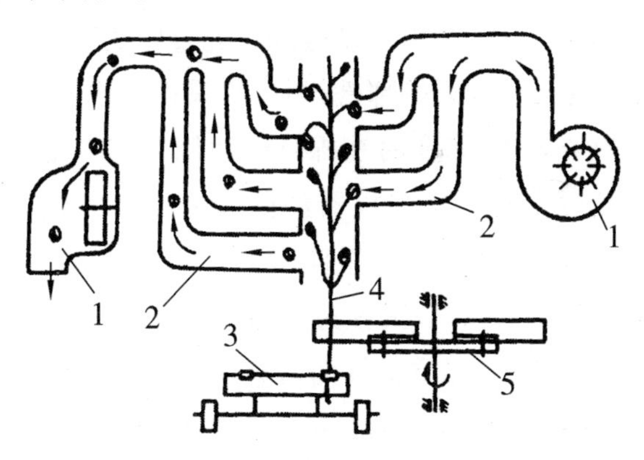

图 5-4 吹吸气流机械振动式采棉

1. 风机 2. 风管 3. 牵引车 4. 棉株 5. 打壳器

5. 气吸式采棉机

这种机器利用风机使与之相连的真空罐产生负压，真空罐接诸多气管，气管的另一端装有吸嘴。人工将吸嘴移至开裂棉铃附近，打开气阀，利用负压将吐絮棉花吸入吸嘴，并通过气管回收至真空罐。这种采棉机经实际使用，与人工采摘棉花相比效率差不多。

6. 气吹式采棉机

这种机器利用高速气流吹力作用采摘棉花。采摘时将气流喷嘴对准棉桃，把棉花吹离棉秆并落入容器里面。但吹离棉花的高速气流，同时也吹起大量杂质，使棉花含杂率增加。

7. 刷式采棉机

美国的约翰迪尔公司生产一种刮板毛刷式采棉机，该种机型适宜采收较低矮的棉花，但籽棉含杂率很高，被称作统收机。苏联在 20 世纪 30 年代也曾试验和研究过刷式采棉机，其中一种是采用金属齿带型采摘部件；另一种采棉工作部件是表面上装有刷子的螺旋体，作业时在棉行的两侧各有一个螺旋体，从两边同时进行采棉。这些机器经试验采棉效率较低，落地棉多，且籽棉含杂率高，没有大量使用。

水平摘锭式采棉机，又称为分次选收机，以采净率高、含杂率低和落地棉少、采棉质量好而占据主要市场，现代的采棉机基本上都采用这种结构。摘铃机作为补充，在分次采摘后最后一次采用。

二、约翰迪尔采棉机械

1. 9970型自走式(4～5行)采棉机

该型采棉机采用了PRO-XL摘锭,PRO-12采摘头(图5-5)。

图5-5 9970型自走式采棉机

主要构成和功能如下:

(1) 发动机:约翰迪尔6缸、排气量6.8升POWERTECH™发动机,符合TIERII排放标准,涡轮增压,四阀,高压共轨燃油喷射系统,中冷式,186千瓦(250马力),空气清洁器,发动机电子控制,120AMP发电机,454.2升(120加仑)容量柴油箱。

(2) 传动系:三级速静液压传动,第一级齿轮采摘速度0～

5.8 千米/小时(0～3.6 英里/小时),第二级齿轮刮采速度 0～6.9 千米/小时(0～4.3 英里/小时),第三级齿轮运输速度 0～24.9 千米/小时(0～15.5 英里/小时),倒挡速度 0～12.2 千米/小时(0～7.6 英里/小时),最终传动,液压制动/机械驻车制动。

(3) 轮胎:导向轮 9.00 24 8PR I1,可以选装动力导向轮。驱动轮 520/85D38 R1。

(4) 驾驶室:电动/液压主阀,Sound-Gard 驾驶室,驾驶室加压器,加热器和空气调节器,雨刷,带豪华悬浮和安全带的个人坐姿座椅,双数字显示电子转速表和小时表,带速度和功能控制手柄的控制台。

(5) 液压:闭心式液压系统,动力转向,采棉头高度自动控制,ORS 液压连接件,通用液压油箱,高效液压油过滤器。

(6) 采棉头:PRO-12 型采摘滚筒,每个采棉头有 2 个采摘滚筒,每个采摘滚筒装有 12 根摘锭座管,每根摘锭座管装有 18 根摘锭。无污染脱棉盘,方便保养的旋出式湿润器柱,带大水清洗系统的精确湿润控制,采棉头整体润滑系统,采棉头和棉花输送监测系统。

(7) 其他:1 041 升(275 加仑)容量的清洗液水箱,254 升(67 加仑)容量的润滑脂箱,棉花喂入口,宽度可调的转向轴,采棉头安全插销,遥控操作的润滑和保养系统,润滑脂输送系统,驾驶员在位系统,后视镜,田间照明灯。倒车警报。中国产灭火器。

(8) 棉箱:32.8 立方米二位伸缩式棉箱,大扭力压实器,输送卸棉系统。

2. 9996(9976,9986)型自走式(6 行)采棉机

该型摘棉机也采用了 PRO-XL 摘锭,PRO-12 采摘头;还可

以配置 PRO-16 采摘头(图 5-6)。

图 5-6　9996 型自走式采棉机

(1) 发动机:约翰迪尔 6 缸、排气量 8.1 升 POWERTECH 发动机,符合 TierII 排放标准,涡轮增压,四阀,高压共轨燃油喷射系统,风—风中冷式,3-速电子发动机油门控制带电子过热保护,216 千瓦(350 马力)带电子控制动力爆发,吸入式空气清洁器,200AMP 发电机,757 升(200 加仑)容量柴油箱,电冷天起动辅助装置,双电瓶(925 CCA),带安全滤芯的干式空气滤清器,燃油过滤器,水分离器燃油过滤器,最终燃油过滤器,发动机电子保护,自调节式发动机辅助装置驱动。

(2) 传动系:三速静液压变速箱,一挡齿轮 0~6.4 千米/小时(4.0 英里/小时)采摘速度,二挡齿轮 0~7.9千米/小时

(4.9英里/小时)刮采速度,三挡齿轮 0～27.4 公里/小时(17.0英里/小时)运输速度,静液压驱动,带驻车制动的多盘式、湿式制动器。

(3) 轮胎:导向轮 14.9×24 12 PR,可以选装动力导向轮。

驱动轮双轮 20.8×42 14 PR。

(4) 驾驶室:用于采棉头升降和棉箱操作的电动液压控制阀,棉花输送鼓风机和采棉头启动电动控制,Comfortable 型驾驶室,带空气过滤器的驾驶室加压器,暖风和空气调节器,风挡雨刷,舒适座椅带空气悬浮和安全带,培训座椅,双数字显示电子转速表和小时表,带 CommandTouch 控制手柄的控制台,采棉头遥控控制,角柱式监视器显示发动机温度、燃油表和发电机表。

(5) 液压:闭心式液压系统,动力转向,ORS 液压连接件,通用液压油箱,高效液压油过滤器。

(6) 采棉头:PRO-12 型采棉头,PRO-X 型摘锭,无污染脱棉盘,方便保养的旋出式湿润器柱,带大水清洗系统的精确湿润控制,采棉头整体润滑系统,电子采棉头和棉花输送监测系统,内侧采棉头高度探测,电子采棉头高度控制和探测装置。可以选装 PRO-16 型和 PRO-12VRS 型采棉头。

(7) 其他:1 306 升(345 加仑)容量的清洗液水箱(带远程快速加注),303 升(80 加仑)容量的采棉头润滑脂箱,宽度可调的转向轴,采棉头安全插销,遥控操作的润滑和保养系统,驾驶员在位系统,后视镜,间照明灯,自清洁式旋转冷风过滤器,方便保养的热交换器,高效棉花输送鼓风机,高效风力分配系统,倒车报警,灭火器。

(8) 棉箱:处于工作位置时 39.6 立方米(1 400 立方英尺)

容量,3个搅龙式大扭矩压实器,双输送卸棉系统,PRO-Lift 棉箱,自动压实器搅龙和棉箱满箱监测,带自行升降输棉管的棉箱顶部延伸。

3. 7660 型自走式(6 行)棉箱采棉机

该型采棉机是 9996 型采棉机的更新产品。

约翰迪尔 7660 型自走式采棉机的构成及特点如下:

(1) 发动机:7660 型采棉机配备约翰迪尔 PowerTech Plus 额定功率为 274.1 千瓦(373HP)、电子控制的柴油发动机,发动机六缸、单缸四阀、排气量 9 升、空空后冷、高压共轨燃油供给系统(HPCR)、可变几何截面涡轮增压器(VGT)、尾气再循环系统(EGR),并符合 Tier Ⅲ(第三阶段)排放标准。柴油箱容积 1 136升,确保机器能够在田间有更多的采摘作业时间。配备具有油水分离功能的三级柴油过滤器。

7660 型采棉机配备的发动机,比 9996 型采棉机发动机的额定功率大 7%。当棉箱搅龙开始压实棉花时,发动机能够提供 9%的额外增加功率。在不降低采摘效率的前提下,7660 型采棉机适应在高产和泥泞的田间条件下进行采摘作业。

(2) 变速箱:7660 型采棉机配备了约翰迪尔 ProDrive™全自动换挡四速变速箱(AST),允许驾驶员在行进间仅需按动按钮,就可平稳地变速。在四轮驱动模式下,一挡采摘速度为 6.8 千米/小时,与采摘头滚筒转速同步,二挡采摘速度可以达到8.1千米/小时。田间转移时的行驶速度可达 14.5 千米/小时,道路行驶速度可达 27.4 千米/小时。

(3) 底盘和轮胎:7660 型采棉机采用了与 7760 型采棉机相同的高地隙底盘,驾驶员容易接近底盘下的发动机舱进行日常保养和维修。

不使用刹车的情况下，7660 型采棉机的转弯半径仅为3.96 米，比 9996 型采棉机 5.49 米的转弯半径减少 30%。使用刹车的情况下，转弯半径仅为 2.14 米。

520/85R42 R1 双前驱动轮为标准配置（选装 520/85R42 R1 轮胎）。使用 480/80R30 单后驱动轮（选装 480/80R30），承重能力和浮动性较好，与 9996 型采棉机相比，后轮胎压强减轻 35%。在泥泞的田间条件下，牵引和控制能力进一步得到改善。

(4) 驾驶室：7660 型采棉机有 ClimaTrak™自动温度控制、自动加压的豪华驾驶室。宽敞的驾驶室、倾斜式的玻璃保证驾驶员有很好的视野，观察每个采摘头的工作状况。Comfort-Command™具有空气悬浮功能和带安全带的座椅，并具有驾驶员在位系统。有培训（副驾驶）座椅。带 CommandTouch™控制手柄的控制台安装有 CommandCenter™显示器，驾驶员通过触摸式屏幕操作搅龙压实棉花的时间，查看机器行驶速度和对行行走的状态以及各种报警信号和故障诊断信号。多功能的角柱式监视器显示发动机温度、燃油表、发电机表和风机转速等信号。

(5) 电气系统：一个 200 安的交流发电机，三个 12 伏（950 CCA）的 StongBox™电瓶。

(6) 液体箱容积：柴油箱容积为 1 136 升、润滑脂箱为 303 升、清洗液箱为 1 363 升，可以保证机器连续在田间作业 12 小时。

(7) 采摘头：7660 型采棉机配备了约翰迪尔 PRO-16 或 PRO-12 VRS 采摘头（选装）。PRO-16 采摘头的前滚筒有 16 根座管，后滚筒有 12 根座管，每根座管 20 排摘锭。PRO-12 VRS 前后滚筒各有 12 根座管，每根座管 18 排摘锭。

每个采摘头中的两个采摘滚筒呈“一”字形前后排列，外形窄,使驾驶员在采摘头之间有足够的空间进行检修、清洁保养工作。借助于约翰迪尔曲柄和滚轮系统,在采摘头横梁上,一个人仅需要拉出定位销,就可以用手柄将每个采摘头移动到需要的位置,田间清理采摘头和维修保养方便。采摘头的采摘行距配置适应性更广,能够采摘种植行距为76厘米、81厘米、91厘米、97厘米和102厘米的棉花。PRO-12VRS采摘头能够采摘种植行距为38厘米、(97+38)厘米、(102+38)厘米宽窄行种植的棉花。采摘头电子高度探测器为标准配置。

7660型采棉机采摘头的动力传动由过去的机械式传动改为现在的液压式传动,2个液压电机分别给左、右各3个采摘头传输动力,减少了传动系统零配件数量,降低了传动产生的噪声,采摘头的采净率和采摘效率均得到了提高。

采摘头安装了Row-Trak对行行走导向探测器,与后轴上的感应器和液压转向阀组合在一起,实现自动对行行走。

(8) 约翰迪尔精准农业管理系统(AMS):7660型采棉机选装了约翰迪尔绿色之星(GreenStar)的StarFire3000(或者StarFire iTC)信号接收器、绿色之星2630(或2600)显示屏和装有APEX农场管理软件的数据卡后,通过安装在输棉管上的籽棉流量感应器,就可以实时测定棉花的籽棉产量,显示和记录已经采摘的面积、收获日期、工作小时数、平均棉花单产量等参数,有利于对棉花生产进行精准化的管理。

(9) 双风机:7660型采棉机配备了输送籽棉的双风机,能够达到对棉花高效率采摘的要求,适合相对潮湿的棉田条件下的棉花采摘。铝制的风机罩减轻了整车重量。双风机配置的7660型采棉机,减少了籽棉阻塞采摘头的次数,在不平坦的棉田,特别是在早晚有露水的棉田中,都能够使机器保持理想的采摘速度。双风机在发动机舱内增加的气流，使机器内部更干净。

（10）棉箱：棉箱容积为39.2立方米，带三个压实搅龙。棉箱内有“装满”监视器，在驾驶室有视觉和听觉信号报警。当棉箱装满时，压实搅龙自动启动20秒，对籽棉进行压实。棉箱和输棉管的升起或降落全部由液压控制，棉箱的升起或降落可以由1个人操作并在1分钟内完成。棉箱配置两级卸棉输送器，卸棉速度较快。

4. 7760型自走式打包采棉机

7760型自走式采棉机是由约翰迪尔公司于2007年推出的自走式打包采棉机，主要由一台摘棉机和一台机载的圆形棉花打包机组成，可实现田间采棉和机载打包一次完成(图5-7)。该机具有以下特点。

图5-7　7660型自走式打包采棉机

(1) 发动机：约翰迪尔 7760 型自走式打包采棉机配备了约翰迪尔 PowerTech PSX、排气量 13.5 升、涡轮增压和空空中冷、额定功率为 367.5 千瓦(500HP)柴油发动机，并且有 6 个汽缸，此发动机符合 TIER Ⅲ 排放标准。

(2) 变速箱：7760 型自走式打包采棉机配备了约翰迪尔 ProDrive™ 自动换挡的变速箱，驾驶员在行进时按电钮就可以实现平稳变速。一挡采摘速度可达 6.8 千米/小时，道路运输速度可达 27.4 千米/小时。地面行驶、机载打包机和采摘头传动都是由静液压泵驱动。适应各种条件下棉田的采摘作业，可在泥泞和有积水的棉田中进行采摘作业。

(3) 双棉风机：7760 型采用双棉风机以及选择器的空气流动。铸铝风扇罩，减少了机器的整体重量。这些双风扇计数在最苛刻的收获条件下提供最大的生产力。双风机在发动机舱内增加的气流，使机器内部更干净。

(4) 液体箱容积：7760 型自走式打包采棉机柴油箱容积 1 136升，摘锭清洗液箱容积 1 363 升，采摘头润滑脂箱容积 303 升。并且加油平台宽大，可确保操作人员添加燃油和进出驾驶室的安全。每天加注一次液体可以在田间连续采棉作业 12 小时以上。

(5) 采摘头：7760 型自走式打包采棉机配置 PRO-16 采摘头(或选装 PRO-12 VRS 采摘头)。PRO-16 采摘头的前滚筒有 16 根座管，后滚筒有 12 根座管，每根座管 20 排摘锭。PRO-12 VRS 前后滚筒各有 12 根座管，每根座管 18 排摘锭。行距适应性强，采净率高，棉花气流输送效率高，采摘头质量轻，零件通用性强(均为右手件)，田间清理和维护保养方便。

(6) 驾驶室：7760 型配置有 ClimaTrak™ 自动温度控制、自动加压的豪华舒适驾驶室。ComfortCommand™具有空气悬浮功能和带安全带的座椅，并具有驾驶员在位系统。有培训（副驾驶）座椅。带 CommandTouch™控制手柄的控制台安装有 CommandCenter™显示器，驾驶员通过触摸式屏幕操作搅龙压实棉花的时间，查看机器行驶速度和对行行走的状态以及各种报警信号和故障诊断信号。

（7）棉箱：7760 型自走式打包采棉机棉箱容积为 9.1 立方米。在田间作业，当棉箱存满棉花时，积存的棉花会自动被送到机载的圆形打包机中，进行压实成形和用保护膜打包，然后棉包被弹出打包仓，放置在机器后面的一个可回收的平台上，等采棉机到地边上再把棉包卸载到地面上或拖车上。

（8）空气输送管道：7760 型自走式打包采棉机的空气输送管道采用质量轻、耐久的复合材料制成，减轻了机器自重，给棉花从采摘到收集提供了一条防腐且平滑的通道。

（9）配置设备：7760 型自走式打包采棉机需要配备一个拖拉机前置式的 CM1100 棉包叉车，负责将打好的圆形棉包分段运输和将棉包装上拖车，以及一台牵引拖车的拖拉机。减少了过去传统的 6 行采棉机采棉时所需要的运棉车及牵引运棉车的拖拉机、棉花打包机及牵引打包机的拖拉机。田间连续采摘作业，提高了采摘效率。

（10）棉包：约翰迪尔 7760 型自走式打包采棉机的机载圆形打包机把圆形棉包包裹三层，棉包最大直径 2.29 米（直径可调范围 0.91～2.29 米），最大宽度 2.43 米，每包籽棉重量 2 039～2 265 千克（4 500～5 000 磅）。圆形棉包改善了雨天的防水性能，棉包内部湿度和密度均匀，较好地保护了棉花纤维和棉花种子，减少了过去其他形状棉包由于刮风、易破损而造成的棉花损失。运输方便,也极大地方便了轧花厂卸载和储存。

(11) 轮胎:双前驱动轮标准配置 480/80R38 型号轮胎(选装 23.1 R34 R1 轮胎),后轮配置 480/80R38 R2 型号轮胎(选装 580/80R34 R1W)。为了适应采棉机在泥泞的收割条件下工作,可选 R2 前排双轮胎和 R1W 后轮转向轮胎。

(12) 电气系统:一个 200 安的交流发电机,三个 12 伏(950 CCA)的 StongBox™电瓶。

(13) 照明系统:7760 型自走式打包采棉机广阔的照明系统,提高了夜视能力(图 5-8)。

图 5-8 7760 型自走式打包采棉机(6 行)

5. 7260 型牵引式采棉机

约翰迪尔 7260 型牵引式采棉机是为小户经营的棉农和家庭农场设计的一种小型棉花采摘机械。这种拖拉机牵引的采棉机是由一个牵引式的底盘和约翰迪尔 PRO-12 采摘头组成的(图 5-9)。7260 型牵引式采棉机具有以下结构和特点:

图 5-9　7260 型牵引式采棉机(2 行)

(1) 对牵引拖拉机的要求：该机要求牵引拖拉机的发动机额定功率最小为 58.8 千瓦(80HP)、II 型后悬挂连接、后动力输出轴转速 540 转/分和一组液压后输出阀。最高采摘行走速度可达到 5.8 千米/小时。

(2) 底盘：在牵引拖拉机和采棉机之间，实现了可转向的联结。该装置允许驾驶员在拖拉机驾驶室进行道路运输状态(正牵引模式)和田间采摘作业(右置侧牵引模式)两种模式下的牵引状态转换操作。此外，该装置还可以减小转弯半径。

在道路行走时，使用道路运输牵引模式，这种牵引模式也被用来在棉田首次采摘开路时使用。

当棉田采摘通路被打开后，将牵引方式转换成田间采摘作业模式，使两个采摘头始终在拖拉机的右侧工作。

7260 型采棉机与牵引拖拉机之间的悬挂连接和分离非常方便快捷。从牵引拖拉机上分离采棉机时，驾驶员先放下停车支架，卸掉动力输出轴，从液压输出阀上拔出液压管，从拖拉机后部断开电线插头和断开拖拉机牵引杆，3 个人在 1 分钟之内就可以完成悬挂连接或分离。

（3）采摘头：配备了 2 个约翰迪尔 PRO-12 采摘头，每个采摘头有 2 个采摘滚筒，2 个采摘滚筒前后“一”字形排列，前后滚筒各有 12 根座管，每根座管 18 排摘锭。每个采摘头有 432 根摘锭，整机共有 864 根摘锭。

采用与约翰迪尔自走式采棉机相同的采摘原理，保持了同样的高采净率。同时，采摘头上的零配件与约翰迪尔自走式采棉机完全相同，可以互换使用。

借助于约翰迪尔曲柄和滚轮装置，可以在瞬间手动调整采摘行距，保持了采摘头维修保养方便的特点。适应的棉花采摘行距有 6 种，分别为 70 厘米、76 厘米、80 厘米、90 厘米、96 厘米和 100 厘米。

（4）润滑系统：采摘头上的齿轮箱全部使用液压系统的液压油来润滑。每个齿轮箱上都有一个液压油面检查孔，随时可以检查液压油是否短缺。

采摘头摘锭润滑时，驾驶员操作采棉机侧面的一个控制手柄，接合线控润滑系统，将采摘头从采摘状态转换到润滑状态。通过操作采摘头线控润滑系统控制采摘头的旋转，就可以安全高效地检查采摘头。

（5）湿润系统：配备了 200 升的清洗液箱，允许采棉机连续采摘作业 8 小时。湿润系统由拖拉机后动力输出轴提供动力。机载的湿润系统能够提供与约翰迪尔自走式采棉机一样的摘锭清洗功能。

（6）输送系统：7260 型采棉机使用了在约翰迪尔自走式采棉机上验证多年的 JET-AIR-TROL 棉花输送系统，确保进入棉箱的籽棉干净。

棉花输送系统由一个风机和两个输棉管组成，每个采摘头都有一个单独通向棉箱的输棉管。即使在最小动力输出时，棉花输送系统也能够保证籽棉输送效率。此外，棉花输送系统使采摘头被阻塞的可能性降为最低。棉花输送系统由牵引拖拉机的后动力输出轴提供动力。

(7) 棉箱：棉箱容积为 13 米^3，最大籽棉装载量约 1 000 千克。棉箱的升起和下降是通过在拖拉机驾驶室内操作液压输出阀手柄完成的。

棉箱系统包含一个手动接合的棉箱油缸锁，当棉箱在升起并锁定的情况下，这个装置保证可以安全地完成各项维修保养工作。

棉箱后部有一个梯子，棉箱上有安全扶手，为清理棉箱顶部提供了便利。

(8) 控制系统：仅需要使用牵引拖拉机的一个液压输出阀手柄、一个拖拉机后动力输出轴手柄、一个多功能的操作手柄和一根连接电缆，即可完成对采棉机的控制操作。

多功能操作手柄具有以下功能：① 控制棉箱升降、转向和采摘头的线控润滑。② 控制采摘头的升降和地面高度感应。③ 控制采摘头的大水冲洗系统。④ 提供与约翰迪尔自走式采棉机相同的声音报警和采摘头监控功能。

(9) 其他：闭心式压力补偿液压系统，液压油箱容积 32.4 升；轮胎规格为 320/85R28；整机的外形尺寸(长×宽×高)为 6 490×3 500×3 500(毫米)，最小离地间隙 27 厘米；整机重量(棉箱、液体箱空时)4.5 吨。

三、凯斯采棉机械

1. 凯斯 Cotton Express 620 自走式采棉机

凯斯 Cotton Express 620 采棉机(图 5-10)主要有以下特点:

图 5-10　凯斯 Cotton Express 620 采棉机

(1) 发动机:凯斯 6TAA8304 燃油电控,高压共轨,253.5 千瓦(340HP),8.3 升排量,6 缸,涡轮增压,空空中冷,发电机 185 安,电瓶 2-950CCA 12 伏,进气 3 道空滤,保证进气质量。

(2) 采摘头:前后两个滚筒从棉花的两侧进行采摘,这样就保证了更好的采摘效率。尤其是针对每大行的棉花都是由两个单行组成的,从两侧对棉花进行采摘可以更好地保证采净率。

(3) 采摘头保养:用一个线控开关,仅一个人就能通过液压动力实现采摘头滚筒的旋转、采摘头的分开与合拢等保养工作,节省了保养所需的时间。

(4) 高度控制:自动感应高度仿形,左右侧采摘头分别独立高度控制仿形。采摘头提升:左右侧采摘头可单独控制升降。

(5) 采摘头滚筒监视器:前后各采摘头分别具备两套报警系统,可以很好地监视棉流堵塞情况。采用机械、液压的方法对地面的高度进行自动仿形,6 组采摘头中 1、3、4、6 号采摘头装有仿形装置。

(6) 液压:静液压无级变速系统。两个串联的静液压泵共同作用,一挡正采速度 0~6.3 千米/小时,二挡复采速度 0~7.7千米/小时,三挡公路运输速度 0~24.1 千米/小时,刹车双踏板,驻车机械结合,电控。同时带四驱电动机,能适应各种状况的棉田。正采的时候采摘头的速度与地面速度是完全同步的。

(7) 润滑系统:标准配置的林肯自动采摘头及机架润滑系统,采摘过程中,电控的定时器自动对整个采棉机车身的 70 多个润滑点进行润滑,这样使得所有的润滑点润滑更到位,节省了保养车的时间,减轻了保养人员的劳动强度。

(8) 湿润系统:湿润电子水压可调节,水压数字显示,具备大小水冲洗功能,分体可独立更换湿润盘,湿润刷柱为可旋出式;湿润刷新型黑色工程塑料,抗冲击能力强。

(9) 输送系统:凯斯采棉机采用 2 个离心风机对籽棉进行输送,前后独立的风道使得输棉更通畅,不易堵塞。可适应每天不同时段棉花含水率的不同而导致的作物状况的差异。

(10) 驾驶室:冷暖空调,电子加热。多功能操作手柄可进行液力速度控制,可控制机器的前进、后退方向,可控制采摘头的升降、开关并可锁定采摘头在自动高度位置,棉箱升降,棉门开启、关闭,卸棉。

右侧控制台可实现以下功能:手油门,3 挡变速,采摘头动力结合离合器手柄。风机结合开关、摘锭润湿开关、水压调整开关、手制动结合分离开关、液压锁定开关、润湿自动/手动结合开关、左右采摘头独立升降开关、驾驶员在位保养开关。

低电压、低油压、冷却液温度、冷却液液位、液压油液位、液压油温度、空调系统、手刹车及驾驶员在位系统结合报警系统。发动机转速、风机转速报警。

发动机计时表读数、风扇计时表读数、采棉面积计算以及润湿系统压力。压力可调式润湿系统。驾驶室条件比同类产品高出一个技术档次，人性化的设计及设备更有利于减少驾驶人员的工作强度，提高作业效率。

棉花监视系统可同时对采棉机前后滚筒和出棉口的堵塞进行显示及声响报警。

润滑监视系统，条形图像量化显示，采摘头润滑自动诊断系统。

方向盘支架位置 2 个调整点，单片刮雨器，驾驶员气垫式座椅，带安全带和储藏箱的副驾。

(11) 棉箱：棉箱装满时可以装 4 762 千克、39.6 米^3 的棉花；籽棉搅龙输送压实，结合电子感应按压式压实系统，棉箱满时，驾驶员坐在驾驶室就可以获得棉箱装满的信息。垂直升降，卸棉过程中整机稳定性好，卸棉更安全，卸载高度最高可以达到 3.65 米。卸棉量可任意控制，如果棉车已装满，可以放下棉箱，再卸到下一棉车里。

(12) 油箱：757 升的外置式油箱。1 381 升的清洗液水箱和 303 升的摘锭座管润滑脂箱，一天之中中间仅需添加一次燃料、一次清洗液以及一次摘锭座管润滑脂就可进行 14 小时的采摘。

(13) 轮胎：特别设计的双驱动轮 500/95-32 R1.5，提高了轮胎的浮动性，使得对地面的压实程度极大地减轻，对于双轮，每个轮胎对地面的压力为190千帕(1.9巴),这样,无论是对于湿地面还是干地面,凯斯的采棉机都具有很好的适应性。

(14) 其他:倒车警报系统及火警卸棉系统,实现了一键即可完成卸棉所需的所有步骤。

2. 凯斯 Module Express 635 自走打包式采棉机

凯斯 Module Express 635 自走打包式采棉机(图5-11)主要有以下特点:

图5-11 凯斯 Module Express 635 自走打包式采棉机

(1) 发动机:采用FPT发动机,9升的排量,可以提供272千瓦(365马力)的强劲动力,给采棉以及打模的各个环节提供更加强大的动力。

(2) 采摘头:前后两个滚筒从棉花的两侧进行采摘,这样就保证了更好的采摘效率。每大行的棉花都是由两个单行组成的,从两侧对棉花进行采摘可以更好地保证采净率。采摘头滚筒之间的行间隙有3种可以选择的尺寸,即762毫米、812毫米和 864 毫米，既可满足黄河三角洲地区种植模式，也可满足新疆地区(68+8)毫米或(66+10)毫米的种植模式。每个滚筒有12 根座管，每根座管有 18 根摘锭，每根摘锭齿有 3 行。每行 14 个齿，前 3 个沟齿 30°切角，利于棉花脱落；后 11 个沟齿为 45°切角，有利于摘棉。对于每根摘锭 90 微米的镀铬层，使得每根摘锭表面更硬，更耐磨损，使用寿命更长。

(3) 采摘头保养：用一个线控开关，仅一个人就能通过液压动力实现采摘头滚筒的旋转、采摘头的分开与合拢等保养工作，节省了保养所需的时间。

(4) 高度控制：自动感应高度仿形，左右侧采摘头分别独立高度控制仿形。左右侧采摘头可单独控制升降。

(5) 采摘头滚筒监视器：前后各采摘头分别具备两套报警系统，可以很好地监视棉流堵塞情况。采用电子电位计的方法对地面的高度进行仿形，仅仅靠一个传感器就实现了对采摘头高度的自动控制。而且对采摘头高度的校正仅仅在驾驶室通过 Pro 600 系统就可以完成，整机的智能化自动化程度较高。

(6) 液压：静液压无级变速系统。两个串联的静液压泵共同作用，一挡正采速度 0～6.3 千米/小时，二挡复采速度 0～7.7千米/小时，三挡公路运输速度 0～24.1 千米/小时，刹车双踏板，驻车机械结合，电控。同时带四驱电动机，更能适应各种状况的棉田。正采时采摘头的速度与地面速度完全同步。

(7) 润滑系统：标准配置的林肯自动采摘头及机架润滑系统，采摘过程中，电控的定时器自动对整个采棉机车身的 70 多个润滑点进行润滑，这样使得所有的润滑点润滑更到位，节省了保养车的时间，减轻了保养人员的劳动强度。

(8) 湿润系统：湿润电子水压可调节，水压数字显示，具备大小水冲洗功能,分体可独立更换湿润盘,湿润刷柱为可旋出式;湿润刷新型黑色工程塑料,抗冲击能力强。

(9) 棉花输送系统:凯斯采棉机采用 2 个离心风机对籽棉进行输送,前后独立的风道使得输棉更通畅,不易堵塞。可适应每天不同时段棉花含水率的不同而导致的作物状况的差异。在不结冰的情况下,凯斯采棉机可以工作 24 小时。

(10) 驾驶室:冷暖空调,电子加热。多功能操作手柄可进行液力速度控制,控制机器的前进、后退方向,控制采摘头的升降、开关并可锁定采摘头在自动高度位置,棉箱升降,棉门开启、关闭,卸棉。

右侧控制台可实现以下功能:手油门,3 挡变速,采摘头动力结合离合器手柄。风机结合开关、摘锭润湿开关、水压调整开关、手制动结合分离开关、液压锁定开关、润湿自动、手动结合开关、左右采摘头独立升降开关、驾驶员在位保养开关。

低电压、低油压、冷却液温度、冷却液液位、液压油液位、液压油温度、空调系统、手刹车及驾驶员在位系统结合报警系统。发动机转速、风机转速报警。

发动机计时表读数、风扇计时表读数、采摘面积计算以及润湿系统压力。压力可调式润湿系统。

棉花监视系统可同时对采棉机前后滚筒和出棉口的堵塞进行显示及声响报警。

润滑监视系统,条形图像量化显示,采摘头润滑自动诊断系统。

方向盘支架位置 2 个调整点,单片刮雨器,驾驶员气垫式座椅,带安全带和储藏箱的副驾。

Pro 600 系统能够实时监测机器的工作状态以及观察棉垛

的装满百分比。

17.78 厘米的 LCD 显示屏和装在棉仓和机器后面的摄像头相连接,这样在采摘的过程中,驾驶员能够随时观测棉仓里的棉花情况以及卸棉倒车的时候可以很方便地看到机器后面的情景。

(11) 棉箱:Module Express 635 型采棉机仅靠 1 个人、1 台机器就能直接将棉桃打成层层压实的棉垛。棉箱内的搅龙压实器系统更加智能化,用自动模式就可以打出一个形状规则的棉垛。每个棉垛的尺寸为 2 米×2 米×5 米,两个棉模放到一起正好是棉花加工厂可以加工的标准棉模的尺寸。

(12) 油箱容量:757 升的外置式油箱。1 381 升的清洗液水箱和 303 升的摘锭座管润滑脂箱,1 天仅需添加一次燃料、一次清洗液以及一次摘锭座管润滑脂就可进行 14 小时的采摘。

(13) 轮胎:凯斯 Module Express 635 打模机,除了高浮动性的驱动轮,动力转向轮的轮胎 23.5～26 具有较大的接触地的面积,这样对地面的压实程度小了,同时更能适应条件较差的地况。

(14) 其他:倒车警报系统及火警卸棉系统,实现了一键即可完成卸棉所需的所有步骤。

四、贵航平水采棉机械

贵航集团平水公司与中国农业机械化科学研究院共同开发设计、研制了 4MZ-5 自走式采棉机,2007 年获得农业部农业机械试验鉴定总站签发的“合格”推广鉴定检验报告。前后共申请了 6 项专利,覆盖面较广,在国内具有自主知识产权(图 5-12)。

图 5-12 平水 4MZ-5 自走式采棉机

1. 主要技术参数

德国道依茨 1015 发动机技术(国内生产),6 缸涡轮增压、水冷、214 千瓦功率,最高转数 2 300 转/分,工作转数为 2 200 转/分。作业效率:0.7～1.0 公顷/小时,每天能采摘 10～14 公顷棉地。吐棉采净率≥94%,籽棉含杂率≤10%,机械撞落棉损失率≤10%,机械可靠性≥90%。采摘速度:1 挡 0～5.93 千米/小时,2 挡 0～7.63 千米/小时,3 挡(运输速度)0～25.5 千米/小时。棉箱总容积 32.8 $米^3$。总重量 14.5 吨。

2. 结构特点

该设备主要由机械、液压、电器、水、风机等部分组成,采摘头是核心部件。设备复杂,是目前国际、国内较为先进的机电一体化产品。机械方面,采用了技术成熟、性能稳定、结构合理的德国 CLASS 公司生产的变速箱，技术精湛、动力强劲、符合欧Ⅱ环保且更为节油的德国道依茨公司的技术（国内生产）发动机。液压方面，液压泵、液压发动机采用了美国 Eton（伊顿公司）的产品，液压连接件采用了美国 Park（派克公司）的产品，保证了设备运行的安全性与可靠性。电器方面，显示系统采用了单片机微处理器，采摘头控制系统采用了印刷电路板集成，报警系统采用了冷光源等先进技术，使设备运行更加稳定可靠，大幅度提高了系统的使用寿命。风机叶片采用了高强度铝合金材料，航空技术的设计、加工与测试手段使系统风力更为强劲。经过多年的研究与探索，对采摘头核心部件进行了一系列优化设计与技术创新，与以色列的技术合作使采摘头核心技术得到进一步提升。

第六章
棉花打模、运输、拆垛工艺

采用棉模方法贮运是美国 20 世纪 70 年代开始发展起来的。综观业已实现棉花收获机械化的国家，棉花田间机械化收获后到加工厂之间的工艺主要包括采棉机卸棉—打模机打模—棉模转运至加工厂—开模机开模等 4 道工序，与该工艺配套的设备主要有籽棉田间打模机、棉模专用运输车或专用运输拖车、开模设备等。主要工艺过程为：棉模压实机由拖拉机牵引至棉田地头，接受采棉机或棉田中转车卸棉。棉模车上的液压踩实机压实籽棉，压实完毕后，打开挡板，无底的棉模压实机在拖拉机的牵引下，与棉模分离，棉模贮存在棉田地头。棉模长 7.3～9.5 米、宽 3 米、高 2.44 米、重 8～10 吨，贮存时籽棉水分不超过 12%，用防雨布遮盖好，贮存期 5～10 天。一个大的轧花厂可以保存 1 200 个棉模，需要付轧时，用棉模运输车运至加工厂指定位置，开模设备将棉模匀速拆解、输送至加工车间。整个过程实现了自动化，效率高，并可避免人工装卸时多次翻腾、践踏籽棉，减少了异性纤维，保护了籽棉品质。不需要大型的贮棉场或籽棉库房，解决了采收、贮存、加工进度之间的矛盾。

棉模贮运技术可大幅度提高采棉机和轧花机的生产效率，并且可保证在籽棉品质较高的时期内实施机械采收、贮存，避免了风雨对成熟籽棉的损害。棉模贮运技术可使轧花场延长轧期，从而降低了每包皮棉的生产成本，而不是靠增加设备的能力或台数来提高轧花机的生产效率。

一、棉模贮运技术的应用条件

因为棉模装备较为庞大、昂贵，所以适合中等规模的植棉农场、轧花场采用。为保证投资的合理，单个棉模至少要达到能处理 800 个皮棉包的应用规模（最好是 1 200 包），一台 4 行采棉机（最好 6 行）应配备一个棉模，对于统收棉机（6 行或 8 行）也应配备一个棉模，棉花产量特别高或特别低可酌情改变配备比例。

同样，棉模运输装备也较为庞大、昂贵，单台棉模运输车的运输量至少应达到 5 000 包皮棉的应用规模，在一个轧花场所服务的区域内，5 个棉模（每个棉模压制 100 个棉垛，合计可处理 6 000 包皮棉）和一个棉模运输车可代替 50 台（单台载量 10 包皮棉）籽棉拖车，只有达到这样的应用水平，棉模贮运装备才能有利可图。

二、棉模的籽棉要求

为避免对棉花品质的损伤和降低棉花的价值，棉模设备必须仔细管理。在收获时，如果籽棉的水分较低且被仔细地贮存，那么损失将可降低到最小。棉花过度疯长和后期复生（脱叶后）可使机械采收时，籽棉中绿叶类杂质含量过高。因此，好的脱叶措施对于籽棉贮存是十分必要的。籽棉水分过高可导致棉模发热并可能产生点污棉，绿叶类杂质含量过高可使籽棉水分增加，籽棉水分保持在12%以下可贮存而不会导致皮棉和种子退化。采收的籽棉被制成棉模，如果管理得当，其品质只是被维持而不会变得更好。

在收获时，应经常检查籽棉的水分。如果没有专门的仪器，可采用一简便的方法：用牙轻轻地咬棉籽，如果口感干脆，那么籽棉水分较合适，可安全地贮存。早晚检查籽棉水分很重要，因为此时籽棉的含水率一般比中午高。收获时，水分测定仪应该定期进行校核，按照操作手册的要求使用，以保证数据准确。使用时首先应选取有代表的机采棉棉样，在确保仪器清洁、内部干燥的情况下使用。手持棉样（最好戴橡胶手套）使其紧密地充满测室，然后加载。为保证数据准确，一个棉样可测定2～3次，取平均值。

三、打模籽棉的田间运输

采棉机不应该因等待卸棉而长时间停止工作，或者行进180米以上的路程卸棉，否则采棉机的生产效率将会大大降低。当棉模打模机装满要移动到一新的卸花地点时，籽棉田间运输车可提高采棉机的工作效率。采棉机可以将籽棉卸在地头两端，由田间运输车将籽棉运送到打模机工作的地点。棉模要建在避免采棉机急转弯或过多空行程的地方，这样采棉机的效率都可提高。

我国目前使用的田间运输车主要是自主研发和制造的，还有一些籽棉抓斗，结构简单、成本低廉、使用方便，在实际作业过程中都起到了很好的效果。田间打模、建模只是一个过渡过程，随着新型打模采棉机的出现，田间转运车将有可能逐渐退出棉花全程机械化的工艺过程。

四、卸花地点的选择和准备

在雨量较多的植棉地区，水分引起的籽棉损害一直是一个长期存在的问题。如果管理较好，棉垛可安全地存放数周。卸棉地点排水不畅、缺乏覆盖布、压制的棉垛顶部凸凹不平都会导致损失。选择卸花地点时可参考以下原则：靠近田间道路或畅通的地方；地表无砾石、植物秸秆、杂草等；在潮湿的天气情况下，车辆可靠近；远离重载运输道路、火源和易遭破坏的地方；上空无各类输电线、电缆线等通电通信设备。

在棉模停置的地方，排水环境的好坏十分重要。如果棉模位于水中或潮湿的地面都会引起籽棉霉烂。在雨量较多的植棉地区，棉垛停放应南北朝向，这样在雨后比东西朝向的棉垛可更快地散失水分。

五、棉模的压制

压制的棉模要保证籽棉分布均匀，有较强的紧实度，外形要呈面包型，不易散落。因此，在棉模压制过程中要注意：采棉机卸棉时，应保证将收获的籽棉一次卸完。第一次和第二次卸棉时，要分别卸在棉模的两端，第三次将收获籽棉卸在棉模中部。然后由专门操作人员升起压实器来回压实籽棉，直到三次卸的籽棉全部被压实一遍再进行卸棉。棉模压实得越紧，防雨效果越好，并且在贮存、装载、运输过程中籽棉损失也越少。棉模的顶部应呈面包状，覆盖上雨布后防雨效果较好。顶部较平或者局部塌陷，雨天易积水，影响放置时间。

个别采棉机装有籽棉计量系统，使用这一系统可以保证卸棉时沿棉模长度均匀分布籽棉，并且卸棉过程较快，还可避免卸棉时籽棉从棉模中溢出，特别是在整个棉模压制快完成的时候，方便操作人员升起压实器，均匀压实籽棉。

六、棉模雨布的选择

当棉模被压制完成后，需要用高质量的防雨布覆盖籽棉垛。通常应选择标示有制造厂、电话号码、制造日期及性能详细说明的正规厂家的产品。

产品性能指标应包括以下项目：抗拉强度、抗裂强度、斯潘塞强度（抗穿刺）、水静压值、水蒸气传导速率、抗磨损强度、表面抗黏附力、抗紫外线强度和冷脆温度等。另外对线数、用纱支数、厚度、抗氧化值也应明显标示。

许多项目可用来比较覆盖布的不同。例如双面涂层的比单面涂层要好，抗紫外强度高的可长时间地暴露在阳光下。棉垛覆盖布应允许水蒸气逸出，这样可尽量减少在棉垛中形成冷凝水。合成纤维制成的覆盖布覆盖棉垛可形成冷凝水，必须予以注意。如果使用这类覆盖布，其设计应允许在正常风力情况下，棉垛上部和覆盖布下部的水气可逸出。

七、棉模系绳的选择

为避免棉垛松塌，且保证覆盖布与棉垛成一整体，必须使用系绳固定棉垛。在选用棉模系绳时，要考虑到系绳的材质，

第一章
与机械收获相适应的棉花种植技术

一、种植模式

黄河三角洲地区传统的棉花种植模式为覆膜种植，一膜两行，膜内行距 40 厘米左右，膜外行距 90 厘米左右，也就是通常所谓的“大小行”种植模式，平均行距 65 厘米左右。这种种植模式的成因，主要是过去大量采用小型拖拉机作业，受小型拖拉机轮距较窄限制，使得膜内行距无法加大。优点是：小型拖拉机田间作业方便；机械购置成本较低。缺点是：行距不均，通风透光不良，棉花光合作用不充分；膜内行距较窄，雨季烂桃较多；大中型机械无法进行田间作业。

近几年，随着土地流转加速和农业机械快速发展，棉花规模化种植逐渐增多。大中型拖拉机的普遍采用，使得棉花种植模式有了更宽泛的选择，与棉花机械收获相适应的种植模式得以实现。

目前世界各地普遍使用的采棉机绝大部分为水平摘锭式采棉机，这种采棉机必须对行收获，行距范围为76～102厘米，且必须等行距收获。这就要求棉花种植行距必须在76～102厘米之间选择，并且要实行等行距种植。

常年种植经验和农艺部门反复种植试验证明，黄河三角洲地区理想的棉花种植行距在60～80厘米之间，行距过窄或过宽对棉花产量、品质和机械化作业都有不利影响。

在适应棉花机械收获的前提下，理想的棉花种植模式是76厘米等行距种植。也就是，膜内两行行距和膜外相邻两行行距均为76厘米。

二、品种

黄河三角洲地区常年种植的棉花品种达40种之多，这些品种大同小异，细小特点各有优劣，产量和品质也没有太大的出入，一般随各地棉农种植习惯随机选择。

但对于棉花机械收获，棉花品种的选择不可随意。想要获得良好的机采效果，机采棉品种应满足如下条件：

1. 株型紧凑
2. 抗倒伏
3. 对脱叶剂敏感
4. 吐絮集中
5. 含絮力适中
6. 收获时第一果枝高度大于20厘米

经过几年的实验和研究，黄河三角洲地区筛选出了鲁棉研36、鲁棉研37和K836等优良机采棉品种。随着机采棉技术的不断延伸，优良的机采棉品种还将不断推出。

三、农艺及机械作业要求

（一）播前准备

1. 种子处理

严把种子质量关。机械直播应选用脱绒包衣棉种，要求种子健籽率99%以上、净度98%以上、发芽率90%以上、种子纯度95%以上、含水量不高于12%。播种前晒种2～3天，以提高出苗率。

2. 土地准备

（1）机采棉田块应选择集中连片、肥力适中、地势平坦、便于排灌、交通便利的地块。作业规模上一般要求地块长度在300米以上，面积在1公顷以上。

（2）采用残膜清除机将前一年残膜清除，清除田间残存的棉花枝条，形成洁净地表。

（3）进行机械深松或深耕作业，疏松土壤。深松或深耕深度不低于25厘米。棉田深松或深耕作业，可在春季化冻后进行，亦可提前至上年秋后上冻前进行。有条件施用土杂肥的地块，可在深耕作业时将土杂肥一并翻入地下。

（4）对于黄河三角洲地区盐碱地应进行大水漫灌，压碱造墒。

（5）对深松或深耕过的土地进行旋耕或耙地作业，形成平整细碎种床。

（二）栽培

1. 株行距和薄膜配置

（1）行距与采棉机匹配，采用76厘米等行距播种。

（2）株距根据亩株数确定。机采棉视品种与地力不同，亩株数一般在4 000～6 000株之间，相应株距在22～15厘米之间。

（3）薄膜宽度为1.2米，一膜2行。

2. 机械播种

（1）选用株距可调且具有自动仿形机构和划印器的精量穴播机，一次完成开沟、播种、播肥、覆土、覆膜作业。

（2）根据地块大小配备不同宽幅播种机。一般地块长度超过500米、宽度超过100米，选用3膜6行播种机；地块长度在200～500米之间，宽度在50～100米之间，选择2膜4行播种机；地块长度小于200米，宽度小于50米，选择1膜2行播种机。

（3）播种机与拖拉机采用三点悬挂方式连接，调节上拉杆与左右拉杆长度，保持播种机作业时与地面平行。

（4）采用膜下播种方式，播种深度2～3厘米，覆土厚度2厘米。

（5）播种机作业入土要缓慢、平稳，播种时尽量保持匀速前进，地头拐弯时要缓慢提升播种机。根据播种机不同幅宽调整好划印器伸展长度，按划印器印迹往复平行作业，保持直线播种。

（6）精量穴播机适用脱绒棉种，一般1穴1～2粒，每亩用种1～2千克。播种机配备种肥施用装置，可根据需要调节播肥深度和肥料用量。进行播种作业时可根据需要在拖拉机上连接除草剂喷施装置，实现播种、喷药一次完成。

(7) 黄河三角洲地区机采棉适播期为4月20日至5月5日,应尽量在适播期内完成播种作业。

(三) 田间管理

1. 苗期管理

定苗时间掌握在两片子叶展平后开始,1～2片真叶时结束。定苗要求去弱苗、留健苗,1穴1株,严禁留双株。遇雨后及时适墒破除板结,及早进行人工辅助放苗。

2. 水肥管理

棉花生育期间的水肥管理,应依据棉花各生育时期需水需肥特性、土壤水肥状况和棉株形态特征综合确定。根据机采棉要求早发早熟的生长特点,前期重施底肥促壮苗,中期重施花铃肥保稳长,后期少施肥。确保中部集中成桃、集中吐絮,并使棉花长势均匀一致,有利机械采收。

棉花追肥用中耕施肥机施入,拖拉机轮距150厘米左右,动力22千瓦(30马力)以上,配套的最高施肥机也要与76厘米等行距相适应。施前将肥料过筛,做到施足、施均匀、不漏施。初花肥:一般棉田在头水前5～7天,结合中耕每亩施尿素10千克,施入深度10厘米以上。花铃肥:7月20日后每亩施尿素10千克。后期不再追肥。棉花水分管理和肥料管理基本同步,前期宜早灌,后期不灌。

3. 杂草防治

杂草是影响机采棉采收质量的重要因素之一。棉花生育前期,主要依靠播前喷除草剂和地膜覆盖抑制杂草生长。中后期喷施棉田专用除草剂及时除草。

4. 适时打顶

根据棉花的长势、株高和果枝数等因素来确定适宜的打顶时间,按照“枝到不等时,时到不等枝”的原则,一般在7月10～20日,并按机采棉采摘顺序进行打顶作业。早采的早打,晚采的晚打,最终应控制棉株高度在90～120厘米。打顶作业可采用人工方式,也可采用机械方式。

5. 化学调控

(1) 株型控制:机采棉要求第一果枝节位距地面18厘米以上,因而应适当推迟头遍化调的时间。一般蕾期(8～9叶期)每亩用缩节胺1.0～2.0克,初花期用2.0～3.0克,盛花期用4.0～6.0克,打顶后用6.0～8.0克,株高要求控制在100～120厘米。山东省雨水时空分布不均,需根据棉田墒情密切掌握化控时间和化控量,以塑造相对紧凑的株型,并促进集中结铃和吐絮。

(2) 脱叶催熟:脱叶催熟效果直接影响机采棉花的品级、加工、储存质量和实收产量。应科学把握喷药时间、气温变化和脱叶催熟剂用量。

为达到喷雾均匀和棉花中下部叶片都能附着药剂,喷施脱叶剂采用带有水平喷头的吊杆式自走式或悬挂式喷雾器较为理想,动力机械轮距150厘米左右,离地间隙80厘米以上,喷雾机械行走速度5千米/小时。小地块也可采用弥雾机喷施。

作业质量要求:在脱叶20天后,田间棉株脱叶率达90%以上、吐絮率达95%以上。

对晚熟品种、生长势旺、秋桃多的棉田,可适当推迟施药期并适当增加用药量,反之则可提前施药并减少用药量。

(四)机械收获

1. 采收前准备

(1) 查看、确定进出机采棉田的路线,确保采棉机可顺利通过。

(2) 棉田两端应人工采摘 15 米宽的地头，拔除棉秆，以利采棉机转弯调头。

(3) 在田头整理出适当的位置，便于采棉机与运棉车辆的交接卸花。

(4) 平整并填平棉田内的毛渠、田埂，确保采棉机及运花车辆正常作业。

2. 采棉机安全技术要求

(1) 随车必须备有防火设备，每车应配备不少于 4 只 8 千克磷酸铵盐灭火器，用于初期火情的自救和控制。

(2) 严禁在采棉机上和拉运棉花的机车上吸烟，采收作业区 100 米内严禁吸烟。

(3) 采棉机在作业时，严禁在采摘台前活动。

(4) 采棉机在排除故障时，发动机应熄火，并拉好手刹。

3. 机械收获作业

(1) 采收机械必须处于完好的技术状态，按要求牌证齐全，并备有防火设施。

(2) 驾驶操作人员必须经过技术培训，持有驾驶证、操作证方可。

(3) 在田间作业速度控制在 4～5 千米/小时。

(4) 根据条田棉花产量及运棉距离确定随车拉运棉花机车的数量。

(5) 每台采棉机必须有一名助手，负责机采质量及必要的辅助工作，坚持班次保养制度。

(6) 运棉机车必须服从采棉机手的统一指挥、调度，做到相互配合，协调一致，以保证采收质量及工作效率。

（7）植棉户必须配合随机人员做好田间采收机组的服务、协调工作，共同把好质量关，减少损失浪费。

4. 采收质量要求

合理制定采棉机采收行走路线，提高采摘质量。采净率达到93%以上，总损失率不超过4%（挂枝棉0.8%，遗留棉1.5%，撞落棉1.7%），含杂率在10%以下。

（五）机采棉清理加工

1. 籽棉储存

（1）对籽棉回潮率要进行检测，回潮率超过12%时，随时检测棉垛温度变化情况，升温快的棉垛尽早加工。

（2）回潮率12%以下的籽棉可起垛堆放，但垛高应低于4米，且不宜长期大垛堆放，要预防出现霉变。

（3）成垛后一定要盖严压好，以防雨水进入出现霉变。

（4）存储的机采棉要尽量做到早收的早轧，以防变色影响品质。

（5）新采籽棉干湿不均，一般需起垛5～7天，使垛内籽棉干湿趋于一致后，再进行加工。

2. 籽棉加工

机采籽棉一般含杂率在5%～10%，含水率在9%～11%。因此，机采籽棉清理必须通过机采棉加工生产线，经过多道烘干、籽清、皮清工序后，才能加工出产合格皮棉。

第二章
机采棉播种与田间管理机械

一、机采棉播种机

1. 机采棉播种机的特点

前章所述，要实现棉花机械采收，必须采用机采棉播种模式，也就是 76 厘米等行距种植，这是机采棉播种机区别于传统棉花种植的最主要特点。黄河三角洲地区一般采用覆膜播种，一膜两行。目前广泛应用的机采棉播种机可以同时进行平地、开沟、播种、播肥、覆土、镇压、覆膜等多项作业。

2. 机采棉播种机的种类

（1）从播种行数上机采棉播种机可分为 2 行机、4 行机、6 行机（图 2-1～图 2-3）。

图 2-1　2 行机采棉播种机

图 2-2　4 行机采棉播种机

图 2-3　6 行机采棉播种机

黄河三角洲地区种植棉花的土地大多是一些盐碱化的土地，棉农也通常采用粗放的耕作模式，土地很少进行精细化平整，所以 2 行机和 4 行机使用较多，6 行机因对土地平整度要求较高，一般很少采用。

（2）从排种器方式上机采棉播种机可分为外槽轮式、勺轮式和气吸式。

三种排种器各有特点：外槽轮式排种器结构简单，调整方便，造价低，但只适用于条播，且用种量较大，一般每公顷用种 50 千克左右。

勺轮式排种器结构复杂紧凑，可实现不太精准的穴播，用种量不大，一般每公顷用种 20 千克左右。

气吸式排种器结构最为复杂，且必须与风机相连接，造价高，噪声和动力消耗较大，但能实现精量穴播，用种量很小，一般每公顷用种 15 千克以下。

经过几年的实践，外槽轮式排种器和气吸式排种器在黄河三角洲地区用于棉花播种基本消失，大量采用的是勺轮式排种器。

3. 勺轮式排种器结构与工作原理

勺轮式排种器主要由排种器体、导种轮、隔板、排种勺轮、排种器盖等组成。隔板安装在排种器体与排种器盖之间，彼此相对静止不动。排种勺轮安装在导种轮上，圆环形隔板位于排种轮与导种轮之间，与它们各有 0.5 毫米左右间隙，使其相对转动时不发生卡阻，工作时种子经由排种器盖下面的进种口限量地进入排种器内下面的充种区，使勺轮充种。工作时，勺轮与导种轮顺时针转动，使充种区内的勺轮型孔进一步充种，种勺转过充种区进入清种区，勺轮充入的多余种子处于不稳定状态，在重力和离心力的作用下，多余的种子脱离种勺型孔，掉回充种区。当种勺轮转到排种器上面隔种板上的递种孔处时，种子在重力、离心力作用下，掉入与种勺对应的导种轮凹槽中，种勺完成向导种轮递种，种子进入护种区，继续转到排种器壳体下面的开口处时，种子落入开沟器开好的种沟中，完成排种（图2-4）。

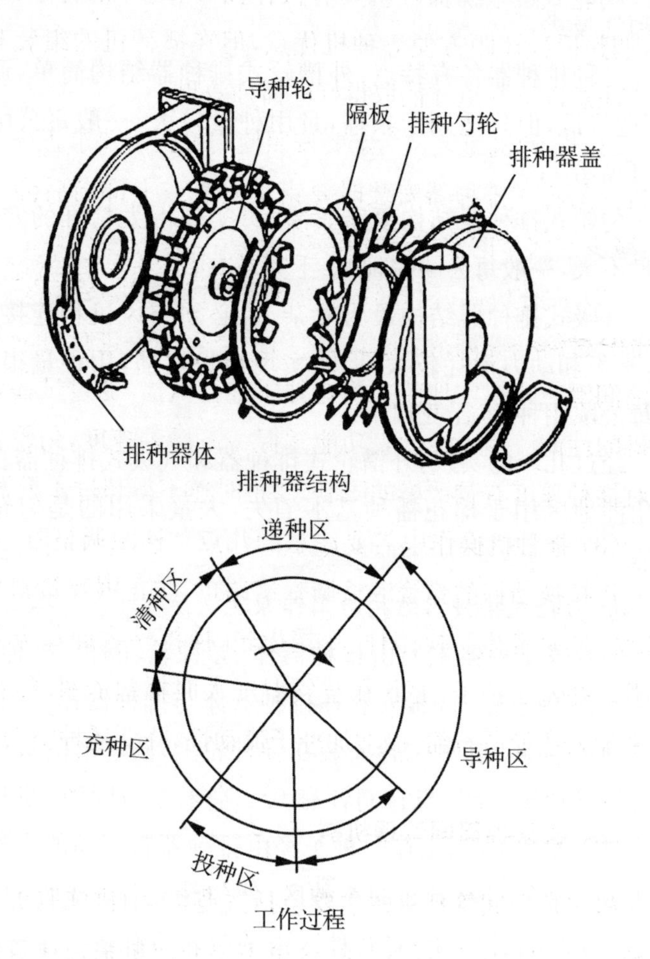

图 2-4　勺轮式排种器的结构和工作原理

更换接种勺轮大小，可以实现一穴一粒或一穴两粒。土地质量较好，种子精度较高，可采用一穴一粒；土地质量较差，种子精度不高，一般采用一穴两粒。

4. 勺轮式机采棉播种机使用与调整

勺轮式机采棉播种机具有操作简单、动力消耗小、株距准确、调整播种株距方便等种机优点，但在播种机的组装和使用中要注意以下几点才能取得好的播种效果：

(1) 播种机组装。一定要按照使用说明书要求正确组装播种机。勺轮式排种器安装时要铅垂安装或上部向后仰一些安装，减少空穴率的发生。

(2) 播种机调试和润滑。播种机组装好后，要先对所有转动部分进行一遍润滑，在以后使用中坚持每天进行传动部件加黄油润滑。找块空地装上棉花种子进行试播，通过试播熟悉播种机的性能。用手机秒表功能掌握一下播种速度，勺轮式播种机对播种速度有较严格的限制(播种时速不得超过 4 千米)。

(3) 播种机操作中需要注意的几点。株距调整时，一定要同时将拉换挡杆的弹簧沿长调整槽调正，防止因弹簧斜拉造成“啃轴”现象发生。换挡杆、变挡齿轮、换挡轴表面每天要进行润滑。播包衣种子，尤其在空气湿度大时播包衣种子，要在种子中加入适量滑石粉，以增加种子流动性，降低播种空穴率。

二、机采棉田间管理机械

机采棉田间管理机械主要包括扶苗机、中耕施肥机和植保机械。植保机械将专门论述，这里主要介绍机采棉扶苗机和中耕施肥机。

（一）机采棉扶苗机

1. 机采棉扶苗机结构和工作原理

机采棉扶苗机与普通棉花扶苗机结构和工作原理是相同的，不同的是，机采棉扶苗机适应的作业行距是76厘米。

机采棉扶苗机主要由机架、动力传输、覆土齿爪和限深轮组成(图2-5)。动力传输系统由拖拉机动力输出动力，经由锥形齿轮变速箱将动力传输到覆土齿爪的圆轴上，齿爪圆轴带动两端的覆土齿爪高速旋转，将薄膜两边土打碎搅起，混匀撒在棉行上。

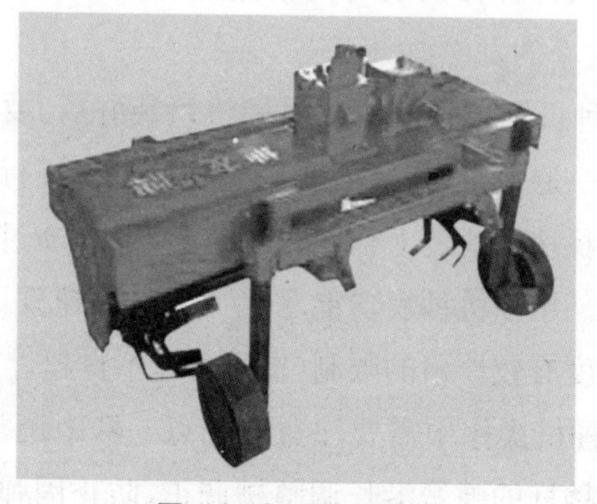

图2-5　机采棉扶苗机

2. 棉花扶苗作业的作用

黄河三角洲地区棉花采用膜下棉种，棉花种子发芽后，需人工放苗作业，将棉苗上的薄膜开孔，使棉苗伸出薄膜生长。

放苗作业虽然有利于棉苗出膜生长，但也留下弊端：一是薄膜开孔，薄膜下边的空气与外界大气相通，影响了膜下土地的保温；二是薄膜开孔后，棉苗周围失去薄膜封堵，杂草也随之生长。

扶苗作业通过覆土齿爪将薄膜两边土打碎搅起，均匀铺撒在棉行上，将薄膜上的放苗孔封堵。

黄河三角洲地区机采棉扶苗机通常为两行机，即作业幅宽横跨两行机采棉，拖拉机轮距要求在 1.5 米左右，一般中型拖拉机都可以满足轮距要求。

（二）机采棉中耕施肥机

1. 中耕施肥机结构与工作原理

棉花中耕施肥机主要由机架、地轮、传动装置、中耕纵梁、培土器、中耕铲、肥箱、排肥装置组成(图 2-6)。

图 2-6　机采棉中耕施肥机

工作原理是，随着拖拉机的行进，地轮通过链传动装置将动力传递给排肥轴，排肥轴驱动外槽轮排肥器排肥，从肥箱排出的化肥经排肥管到达排肥开沟器开出的沟内。除草、开沟可分别由双翼铲(单翼铲)和开沟器完成。

根据作业要求的不同，通过更换不同作业部件组成以下几种作业：

(1) 中耕作业。在中耕纵梁相应的位置上装上双翼铲、单翼铲或凿形松土铲即可进行中耕作业。

(2) 中耕追肥作业。在中耕状态的基础上，装上施肥开沟器、排肥装置即可完成中耕追肥作业。

(3) 培土(开沟、起垄)作业。在中耕纵梁的后端装上组合式开沟器即可完成开沟、培土作业。

与机采棉扶苗机一样，黄河三角洲地区机采棉扶苗机通常为两行机，即作业幅宽横跨两行机采棉，拖拉机轮距要求在1.5米左右。

第三章
棉花植保机械

随着农用化学药剂的发展，喷施化学制剂的机械已日益普遍。这类机械的用途包括：喷洒杀菌剂或杀虫剂防治植物病虫害；喷洒除草剂，消除莠草；喷洒药剂对土壤消毒、灭菌；喷施化学调控药剂促进（抑制）作物生长或成熟抗倒伏。目前，国内外植物保护机械化总的趋势是向着高效、经济、安全方向发展。在提高劳动生产率方面，如加大喷雾机的工作幅宽、提高作业速度、发展一机多用、联合作业机组，同时还广泛采用液压操纵、电子自动控制，以降低操作者劳动强度；在提高经济性方面，提倡科学施药，适时适量地将农药均匀地喷洒在作物上，并以最少的药量达到最好的防治效果。要求施药精确，机具上广泛采用施药量自动控制和随动控制装置，使用药液回收装置及间断喷雾装置，同时还积极进行静电喷雾应用技术的研究等。

一、植保机械农业技术要求

植保机械的农业技术要求，一是应能满足农业、园艺、林业等不同种类、不同生态以及不同自然条件下植物病、虫、草害的防治要求。二是应能将液体、粉剂、颗粒等各种剂型的化学农药均匀地分布在施用对象所要求的部位上。三是对所使用的化学农药应有较高的附着率，以及减少漂移损失。四是机具应有较高的生产效率和较好的使用经济性和安全性。

二、喷雾的特点及喷雾机的类型

喷雾是化学防治法中的一个重要方面，它受气候的影响较小，药剂沉积量高，药液能较好地覆盖在植株上，药效较持久，具有较好的防治效果和经济效果。喷粉比常量喷雾法功效高，作业不受水源限制，对作物较安全。然而由于喷粉比喷雾飘移危害大得多，污染环境严重，同时附着性能差，所以国内外已趋向于采用以喷雾法为主的喷药方法。

根据施药液量的多少，可将喷雾机械分为大容量喷雾机、中容量喷雾机、低容量喷雾机及超低容量喷雾机等多种机型。

大容量喷雾：又称常量喷雾，是常用的一种低农药浓度的施药方法。喷雾量大，能充分地湿润叶子，经常是以湿透叶面为限并逸出，流失严重，污染土壤和水源；雾滴直径较粗，受风的影响较小，对操作人员较安全；用水量大，对于山区和缺水地区使用困难。

低容量喷雾：这种方法的特点是所喷洒的农药浓度为常量喷雾的许多倍，雾滴直径也较小，增加了药剂在植株上附着能力，减少了流失。既具有较好的防治效果，又提高了工效。应大力推广应用，逐步取代大容量喷雾。

中容量喷雾：施液量和雾滴直径都介于上面两种方法之间，叶面上雾滴也较密集，但不致产生流失现象，可保证完全的覆盖，可与低容量喷雾配合使用。

超低容量喷雾：是近年来防治病虫害的一种新技术。它是将少量的药液（原液或加少量的水）分散成细小雾滴（10～90 微米）并大小均匀，借助风力（自然风或风机风）吹送、飘移、穿透、沉降到植株上，获得最佳覆盖密度，以达到防治目的。由于雾滴细小，飘移是一个严重问题，它的应用仅限于基本上无毒的物质或大面积作业，这时飘移不会造成危害。超低容量喷雾在应用中应特别小心。

三、喷雾机械主要工作部件

喷雾机的功能是使药液雾化成细小的雾滴，并使之喷洒在农作物的茎叶上。田间作业时对喷雾机的要求是：雾滴大小适宜、分布均匀，能达到被喷目标需要药物的部位，雾滴浓度一致，机器部件不易被药物腐蚀，有良好的人身安全防护装置。喷雾机一般由药液箱、搅拌器、空气室、药液泵、喷头、安全阀、流量控制阀和各种管路等组成。其中药液泵、空气室、喷头和安全阀等是喷雾机的主要工作部件。

（一）药液泵

药液泵是喷雾机的主要工作部件。药液泵的作用是给药液加压，以保证喷头有满足性能要求的、稳定的药液工作压力。药液泵的性能参数主要有压力和流量等，植保机械常用的药液泵有活塞泵、柱塞泵、隔膜泵、滚子泵和离心泵等。选择药液泵的依据是所需液体的总流量（包括喷头和液力搅拌）、压力和药液的种类，后者尤其影响泵的结构材料的选用。

1. 柱塞泵

柱塞泵是喷雾机中使用较多的一种，有单缸、双缸、三缸等形式。柱塞泵具有较高的喷雾压力，要求活塞与缸筒之间密封可靠，并且需要高效率的阀门来控制液体的流动。利用旁通阀（安全调节阀）来调节压力，并在液体切断时保护机器免受破坏。适合于高压作业，并可设计成泵送磨蚀性物质而不至于过快磨损。容积效率高（大于90%），转速达700～800转/分。

2. 隔膜泵

利用膜片往复运动达到吸液和排液作用。这种泵和药液接触的部件比柱塞泵要少（运动件只有膜片和进、出水阀组），延长了机具的寿命。在机动喷雾机上获得广泛应用。隔膜围绕着一个旋转的凸轮呈星形排列，当凸轮转动一圈时，凸轮就驱动每一个隔膜依次做一个短行程的运动，从而产生一个较平稳的液流。隔膜泵由泵体、偏心轮、连杆、活塞、隔膜和进、出水阀组成。

空气室的作用是缓解药液泵工作中造成的压力脉动，保证喷头在稳定的压力下工作。空气室相当于一个积蓄能量的元件，当高压管路中的压力升高时，空气被压缩，体积减小，积蓄能量；当高压管路中的压力下降时，被压缩的空气体积膨胀，释放能量，进而保证了药液的压力基本稳定。

3. 滚子泵

滚子泵由泵体、转子、滚子等组成。在偏心泵体内，装有径向开槽的转子，每个槽内有一个滚子能径向移进移出。当转子高速旋转时，滚子在离心力的作用下，紧贴在泵体内壁上，形成密封的工作室。该室容积大小随转子转角不同而变化，当工作室容积由小变大时，药液被吸入；当工作室容积由大变小时，就将药液压出。

4. 离心泵

离心泵结构简单，容易制造。它的排量大，压力低，用于工作压力要求不高的场合，如喷灌机和喷施液肥等具有大喷量喷头的植保机具上。这种泵一般只在大型植保机具中作液力搅拌或向药液箱灌水用。

（二）喷头

喷头的作用是保证药液以一定的雾滴尺寸、流量和射程喷向指定位置。在相同的喷药量条件下，药液雾滴越小，雾滴的数目也就越多，并且比较均匀，防治效果越好。喷头的种类很多，常见喷头主要有液体压力式、气体压力式和离心式等。

1. 液体压力式喷头

液体压力式喷头在生产上应用很广，常见的主要有涡流式喷头、扇形喷头和撞击式喷头等。

（1）涡流式喷头：喷头体加工成带锥体芯的内腔和与内腔相切的液体通道，喷孔片的中心有一个小孔，内腔与喷孔片之间构成锥体芯涡流室。高压液流从喷杆进入液体通道，由于斜道的截面积逐渐减小，流动速度逐渐增大，高速液流沿着斜道按切线方向进入涡流室，绕着锥体做高速螺旋运动，在接近喷孔时，由于回转半径减小，圆周运动的速度加大，最后从喷孔喷出。

（2）扇形喷头：扇形喷头有缝隙式喷头和反射式喷头等形式。高压药液经过喷孔喷出后，形成扁平的扇形雾，喷射分布面积为一个矩形。当压力药液进入喷嘴后，受到内部半月牙形槽底部的导向作用,药液被分成两股相互对流的药液。当两股药液在喷孔处汇合时,相互撞击而破碎,最后形成雾滴喷出。之后又与半月牙形槽的两侧壁撞击,进一步细碎,形成更小的雾滴从喷孔喷出,喷出的雾滴又与空气撞击进一步细碎,到达植物表面。

2. 气体压力式喷头

气体压力式喷头利用比较小的压力将药液导入高速气流场,在高速气流的冲击下,被雾化成直径很小的雾滴。气体压力式喷头可以获得比液体压力式喷头更小的雾滴,借助风力把雾滴吹动到比较远的作物上。气体压力式喷头的种类比较多,常见的有扭转叶片式、网栅式、转轮式等。

3. 离心式喷头

离心式喷头是将药液输送到高速旋转的雾化元件上,在离心力的作用下,将药液从雾化元件的外边缘抛射出去,雾化成细小的雾滴,一般雾滴直径为 15～75 微米,故也称为超低量喷头。

(三) 安全阀

安全阀也叫调压阀,它的作用是限制高压管路中的最高压力,确保管路等部件不因压力过高而损坏。

(四) 搅拌器

搅拌器有机械式、液力式和气力式三种。目前大多采用液力搅拌。液力搅拌可在喷管上开些小孔,药液从小孔中流出,在药箱内形成循环,这种形式液流速度小。喷射式液流速度较高,但耗能量大,一些大型机具上可安装多个喷射头。

(五) 滤网

为了防止喷头在喷雾时被堵塞,对喷雾液进行过滤是必要的。在药液箱加液口设置一个可拆卸的 12～16 毫米孔径的粗滤网，在药液箱和泵之间设置一个 16 目的大表面积过滤器，在泵和喷头的管道内安装一个 20 毫米孔径的较小尺寸的过滤器。

（六）风机

风机是风送式喷雾机、喷粉机、喷粒机的主要工作部件，它的性能直接影响到喷洒质量。风机的主要作用是输送雾滴，加强雾滴向植株丛中的穿透性，雾滴在气流输送下加速飞向目标，从而减少雾滴的飘移和蒸发，协助液体形成雾滴。风机的气流吹动植物的叶子，有利于雾滴沉降在叶子背面。植保机械常用制造精度较高的多叶离心式风机，叶片通常 4～8 个。风机材料多采用铸造铝合金、镀锌薄钢板或塑料等轻质材料制造。

四、喷雾机的主要产品

（一）风送式喷雾机

高架风送式喷雾机是装有横喷杆并带有送风袖筒的一种液力喷雾机，可广泛用于棉花、大豆、小麦和玉米等农作物的播前、苗前土壤处理、作物生长前期灭草及病虫害防治。可进行诸如棉花、玉米等作物生长中后期病虫害防治及喷施催熟剂、脱叶剂等植保作业（图 3-1）。该类机具的特点是生产率高，喷洒质量好，是一种理想的大田作物用大型植保机具（表 3-1）。

图 3-1 风送式喷雾机工作图

表 3-1 3W 系列风送式喷雾机技术参数

序号	技术参数	悬挂式	牵引式
1	作业幅宽(厘米)	1 650	1 650
2	药箱容积(升)	800+600	2 000
3	喷头离地高度(厘米)	65～120	65～120
4	工作压力(兆帕)	0.3～0.4	0.3～0.4
5	设计动力传动轴转速(转/分)	540	540
6	挂接机构	悬挂式	牵引式
7	液泵型式	活塞式隔膜泵	活塞式隔膜泵
8	液泵额定流量(升)	120	120
9	液泵工作压力(兆帕)	3.0	3.0
10	展臂型式	三段折叠式	三段折叠式
11	作业速度(千米/小时)	3～5	3～5

（二）吊杆式喷雾机

1. 产品结构特点

（1）该机采用吊杆式喷头，吊杆在不同高度装有三层喷头，能使棉株在上、中、下三个层面全方位受药，提高作业质量。

（2）加装支承轮进行辅助支承，拖拉机在工作及道路行驶时由支承轮辅助支承行进，减少了长时间提升对悬挂系统的损害。

（3）采用全液压折叠、提升系统，降低了人工劳动强度，提高了工作效率。

（4）采用特殊的四连杆自平衡机构，有效保证了机具在地表不平的田块工作时，两展臂与地面高度距离一致，提高施药效果。

（5）外加汽油机对药罐进行加水，一方面减少采用隔膜泵加水水中杂质对泵体造成损伤，另一方面缩短加水时间，整机药罐加水 4 分钟完成。

（6）该产品适应作物全程作业，包括喷施除草剂、杀虫剂、化调剂、脱叶剂及催熟剂等作业（图 3-2）。

图 3-2 吊杆式喷雾机

在保证满足承受最大断裂载荷的基础上，还要考虑系绳的使用舒适程度、抗腐蚀老化能力、循环利用性能以及使用经济性等指标。特别要注意的是，应避免因系绳产生杂质而引入籽棉异性纤维，影响棉花品质。棉搓绳(最低断裂载荷 200 磅，合 90.7 千克)是首选，除了拥有较强的断裂载荷之外，还具有较好的循环利用能力。最重要的是，由于采用棉纤维材质，在使用过程中不会引入异性纤维。目前使用的较经济的是 0.635 厘米(1/4 英寸)粗或 0.95 厘米(3/8 英寸)粗的尼龙编织绳。但也存在一些问题，由于尼龙丝材料的固有特性，尼龙编织绳的抗腐蚀能力较差，循环利用能力稍弱，且容易引入异性纤维。因此，尼龙编织绳使用时要注意：尼龙编织绳绝对不允许混入籽棉中，特别是在轧花场棉垛喂入装置运行时。

八、棉模的监管

在棉模压制成形后的 5～7 天内，应每天检查棉垛内部的温度，如果温度上升很快，或持续上升 8.3～11.1℃，应尽快将棉垛付轧。检测表明，棉垛内部温度的上升可导致皮棉变黄和产生轻度点污棉。测试内部温度已达到 43.3℃时，应立刻将该棉垛付轧。所有的棉垛在雨后和最初的 5～7 天后一周检测两次内部温度。

在后期气温较低时，由于收获的籽棉水分较高，打成棉模会导致其内部温度以较低的速率在数周内持续上升。不管在什么时候，只要温度的上升量超过了 11.1℃，棉垛应立刻付轧。正常收获期收获籽棉时，由于籽棉水分处于安全贮存范围，打成的棉模内部温升不会超过 8.33℃，而且会逐步降低。

九、棉模的记录

每个棉模应该有一个记录，主要内容应包括采收日期、天气情况、大致包数、温度记载等项目。这些记录可作为棉花损失时向保险公司索赔的依据，在棉垛压制成形后当日，应将有关必要的数据报送轧花场，所有的记录应尽可能长期保留，用记号笔书写的卡片装入塑料袋内并系放在棉垛上。也可用喷写笔喷涂上棉垛编号、棉农等信息，使用的喷写笔必须是专用的，要求既不容易消失，也不会对籽棉的品质造成污染。

十、山东天鹅棉业机械股份有限公司的设备

1. 6MDZ10 打模机

适用于机采棉籽棉打模与手摘棉籽棉打模，主要适用于机采棉籽棉打模(图 6-1)。

图 6-1　6MDZ10 打模机

(1) 主要特点:① 操作简单,整个打模过程只需操纵几个液压阀即可完成;② 工作效率高,处理量大;③ 适应性强,既适合田间打模,又适合籽棉垛场打模,既适合机采棉打模,又适合手摘棉打模;④ 棉模方便贮存、运输与加工。

(2) 技术特性:

① 主要性能指标。棉模密度 180～200 千克/米^3(根据籽棉水分不同有所变化),棉模重量 8～10 吨/个(根据籽棉水分不同有所变化),液压系统工作压力 16 兆帕(最大不超过 20 兆帕)。打模效率,每 30～40 分钟打 1 个棉模(装棉要及时充足)。

② 主要规格与技术参数。设备最大外形尺寸(长×宽×高)12 293 毫米×3 590 毫米×6 583 毫米,踩压行程 2 200 毫米,配备动力 26 千瓦,棉模外形尺寸(长×宽×高)9 754 毫米×2 134 毫米×2 287 毫米。

(3) 工作原理:籽棉由采棉机直接倒入打模机的棉箱内,打模机的棉箱是一个略成梯形的箱体,箱体上面有一个能沿轨道前后移动的踩压机构,将棉箱内的籽棉压实并成形,然后由液压机构将箱体升起,最后由拖拉机牵引箱体前移,整个模块脱出。

(4) 使用要求:需配备 36.75 千瓦(50 马力)以上的拖拉机牵引,同时牵引拖拉机还需配备能够自动升降的牵引系统;地面要相对平整,必较坚硬(以打模机与运模车在此处不至于车轮下陷为宜);运模车出入方便,即使在雨天也能进入,同时四周有足够的空间方便采棉机装棉。

(5) 维护保养及安全要点:

① 维护与保养。经常检查打模机机械部分运行状况,运动部件及时加注润滑油。定期检查液压系统的运行状况,及时清

洗、维修、更换损坏的液压元器件，注意保持液压油的清洁。定期检查轮胎气压是否充足。经常检查牵引架的受力部位，避免开焊，防止在工作与移动过程中发生危险。柴油机随时要保证有足量的机油、柴油及冷却水，冬季使用时要使用防冻液，具体的维修保养措施参照柴油机的操作使用说明书。经常检查动力控制部分的线路，保证工作正常，特别是蓄电池的充电线路，防止此线路故障，造成蓄电池匮电，损坏电池。工季结束时，打模机要清理干净后储存在洁净、干燥、遮阴的地方；链条、各转动部位与经常拆卸的位置要涂上机油，防止生锈。

② 安全规则。未经培训和非指定人员禁止操作本设备；打模时与操作过程无关的人不允许在工作区域；打模机在工作或在移动过程中，除操作人员外，其余所有人远离；打模机在路上行驶时速度不能太快，转弯不要太急，设备最外侧必须有醒目的标志；打模机在路上行驶时，设备上不允许载人；不准在高压输电线下打模；打模区域不准吸烟、使用电焊，排除所有火灾隐患；打模机在开关后门时，要确保后门开启半径范围内无人；打模机装棉时，打模机操作者与采棉机操作者一定要配合好，禁止装棉时移动踩头；禁止在设备工作时维修与调整。

2. 7CBXM10 运模车

7CBXM-10 运模车适用于 8～10 吨的棉模运输（图 6-2）。

（1）主要特点：遥控控制、经济、节能、运输棉花效率高。

（2）技术特性：

① 主要性能指标。外形尺寸（长×宽×高）10 884 毫米×1 499毫米×2 381 毫米，整机重量 12 吨，配备动力 22 千瓦（30 马力），最大装载量 10 吨。

图 6-2 7CBXM10 运模车

② 主要规格与技术参数。液压系统压力≥16 兆帕，刹车系统气压≥0.8 兆帕，最大运行速度≤50 千米/小时，每小时运送量 2 个棉模(依据距离远近有变化)。

(3) 工作原理：

① 装模。将运模移动调整到棉模附近。运模车与棉模应在同一中心线上，左右偏差不大于 50 毫米，启动自备内燃机动力，将双后桥自锁机构松开，操纵液压盘按钮，移动液压缸带动双后桥总成前移至终点位置附近停止，然后倾斜液压缸伸长，将运模倾斜至一定角度，注意提升部前端链轮距地面 25.4～38.1 毫米；开动提升部、行走部液压发动机，注意观察棉模的提升状况(防止跑偏、散模)，随时采取相应措施，当棉模完全提起后停止行走部液压发动机的运行，提升部液压发动机继续工作；当棉模到达挡模板附近(约 150 毫米)时，停止提升部液压

发动机的运行;操纵移动液压缸,使其带双后桥总成后移,其间相机操纵倾斜液压缸回缩,使车体放平,当双后桥移动到终点时,自动锁紧机构将其锁紧,停止液压操作,自备内燃机熄火。

② 运模。运模时注意观察路况,根据路况谨慎驾驶,拐弯时减速慢行,防止翻车。

③ 卸模。将运模车驾驶到棉模输送机或地面开模机轨道中间位置附近进行卸模。

将棉模卸到棉模输送机上时,运模车移动到距棉模输送机50毫米且平面接头高度一致,停止并锁定运模车移动;调整运模车内燃机转速和棉模输送机的调速电机转速,使二者运动速度相匹配,将棉模自动平缓地转移到输送机上(注意:棉模不可偏斜,不应散模)。

将棉模卸到开模机地面轨道中间时,运模车移动到地面轨道中间合适位置,运模车制动处于空挡位置,启动自备内燃机,将双后桥自销机构松开,移动缸前移,当双后桥移动到合适位置时,倾斜缸伸出,车体倾斜至前端与地面距离25.4～38.1毫米处,反向开启提升部与行走部液压发动机,将棉模缓缓卸下,当棉模完全卸下后,停止所有发动机转动。移动缸后移,同时倾斜缸伺机回缩,将车体放平,双后桥后移到位,自锁机构将其锁紧。

(4) 使用要求:

① 安装要求。用牵引架或转向盘将运模车体与拖拉机或汽车头连接起来,连接要牢靠,转动要平稳;用快速接头将刹车气管与车头气源连接起来,连接要密封;用汽车专用线缆将车体与车头连接起来,要求接线正确,信号灯控制灵活;将轮胎充气至压力0.8～1.0兆帕。

② 调整要求。调整行走部履带及提升部链条的松紧度；调整液压系统的压力及流量，使其与设备所需求的动力及速度相适应；调整刹车装置的间隙，保证刹车准确可靠；调整驾驶室内灯光控制按钮与各种信号灯相对应。

(5) 维护保养及安全要点：

① 维护与保养。经常检查机械部分的运行状况，及时清洁、润滑、紧固机械部件；定期检修液压系统(包括油量、油质、泵、缸、发动机、连接管路)运行状况；定期检修电气控制系统；定期检修轮胎、刹车装置。

② 安全规则。装卸棉模时，一定要将车体位置调整合适，方向一致，左右间距相等；运输棉模时，注意观察路况，不可将路边树枝钩挂棉模，不可在不好路况上行驶，不可采用紧急刹车措施；工作时，将内燃机转速提高到 2 200 转/分钟左右；调整液压系统各种压力，使其与各自的工作需要相适应；调整提升部的液压流量，以便与行走部运动速度相匹配；装卸棉模时，随时通过调节操作按钮，使车辆行进与提模同步，防止散模。

3. MSZB10-8 喂花机

MSZB10-8 即籽棉货场大垛喂花机，适用于货场存放的大垛籽棉的扒垛喂花。

(1) 主要特点：整机移动灵活、操作方便，适用于各种形式堆放的棉垛；采用蓄电池为基本动力，使用安全可靠；关键动作采用液压系统，控制性能更稳定；独特的转盘结构可实现全方位喂花；采用远程智能控制技术，使操作更加人性化；一人操作控制喂花，节省劳动力；能耗低、效率高，节约使用成本；能有效杜绝人工喂花过程中籽棉“三丝”的二次污染。

(2) 技术特性:

① 主要性能指标。台时产量8～10吨,每小时耗电量7～8千瓦,行走速度(采用无级调速)0～3千米/小时,摇臂工作长度8.5米,摇臂可升至高度为8米,最佳喂入棉垛高度≤6米。

② 主要规格与技术参数。整机重量5吨,整机尺寸(长×宽×高)11 500毫米×2 600毫米×3 300毫米,总功率12.25千瓦,拨棉辊离地面最小尺寸2厘米,转盘旋转范围0°～180°,底盘最小离地间隙220毫米(图6-3)。

图6-3 MSZB10-8喂花机

(3) 工作原理:根据棉花加工厂籽棉垛位置和现场情况,通过底盘行走、转盘旋转、电动葫芦升降对拨棉辊位置进行定位,从籽棉垛的一侧边开始开松喂花。拨棉辊的工作轨迹是以转盘为中心、以摇臂为半径的圆弧,摇臂旋转的角度以籽棉垛的实际尺寸界定。拨棉辊开松喂花的方式是采用逐层扫描的原理,喂入一层籽棉后,点动一下电动葫芦使摇臂前端的拨棉辊

下降一定尺寸(工作过程中拨棉辊每次吃花深度不超过 150 毫米),调整好尺寸后启动转盘旋转,喂入下一层的籽棉,如此过程完成籽棉垛竖直层面的开松喂花。然后升起摇臂向前移动行走底盘,调整好拨棉辊的吃花深度,开始下一籽棉垛竖直层面的开松喂花。喂花辊转速由变频器控制,用户可根据实际情况如籽棉湿度、密度或产量调整喂花辊转速。

开松喂花时拨棉辊自上而下旋转,拨棉辊靠齿部开松大垛上的籽棉并抛送到后面通道部内设置的输送带上,由上部输送带运送到后部,籽棉在上部输送带出口处通过转盘中空管道落在设置在地盘上的输送带上,由下部输送带直接排出籽棉,下部输送带出口处可通过软管和外吸棉管道连接,排出的籽棉直接由外吸棉管道吸送到加工车间,完成大喂花机的自动开松喂花。

(4) 安装与调整:

① 安装。厂家购买后只需加一个外接电源和必备的电缆,无需定位安装。电源线选用 4 毫米^2 以上 5 芯电缆,其中 3 项火线、1 项零线、1 项接地线,电源线接到线缆盘上,1 项接地线可直接接到线缆盘的壳体上,电缆的长度根据各厂的场地和使用情况而定。

上下部的连接安装:上下部是通过回转轴连接的,安装时把上部吊起,把上部的回转轴平稳落到下部的支架上,注意先把支架上的两个回转套涂上黄油套在回转轴的两轴头上,这时回转轴连带回转套镶在支架的两半圆槽内,调整左右间隙约 4 毫米,然后把支架的上压紧块用螺栓连接,注意压紧螺栓不要有过大的压紧力,不然回转套在使用中容易损坏。安装如图6-4。

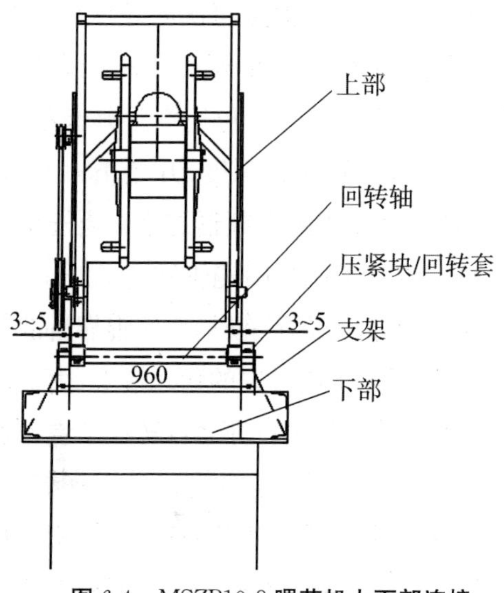

图 6-4　MSZB10-8 **喂花机上下部连接**

滑轮组的连接安装:从电动葫芦出线端出线经摇臂上的定滑轮,从摇臂后侧的上滑轮组一侧牵引钢丝绳向下绕过下部滑轮组再绕过上部滑轮组,依次绕过滑轮组的 5 个轮,最后把钢丝绳的自由端固定在上滑轮组上,用锁扣锁紧(图 6-5)。

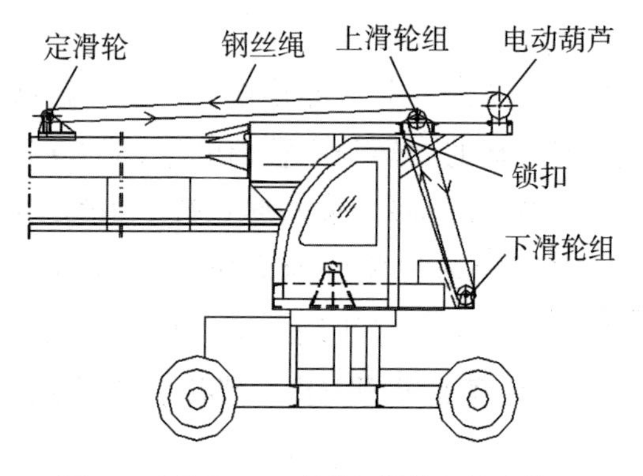

图 6-5　MSZB10-8 **喂花机滑轮组的连接**

输送带的安装：安装前检查通道部前端的输送带从动辊两侧轴承是否牢固，若有松动上紧螺栓。再看从动辊端面到两侧壁的间隙是否统一，若不一致，松开两端轴承上的锁紧套，调整间隙，然后上紧轴承上的锁紧套。再把通道部后侧的主动辊两后端的拉紧螺栓松开，放到最大，把输送带从通道部穿过，注意绕成圆圈的输送带下边一定要在托轮之上，在输送带接口处用钢丝穿过连成一体，再上紧输送带主动辊后端的拉紧螺栓，注意两侧的拉紧量达到统一，避免输送带跑偏。

② 调整。大垛喂花机出厂前基本参数已调好，在运输装卸过程中有时变动，这就需要在开车使用前重新调整。

拨棉辊与换向箱外罩壳侧边的间隙：用手转动拨棉辊内侧面与换向箱外罩壳是否摩擦，间隙一般在 2～3 毫米，若不符，松开拨棉辊锁紧套的螺栓，调整适当间隙。

输送带跑偏：输送带在使用过程中由于受力不均匀和自身的弹性变形等因素易出现输送带跑偏现象，这时要调整主动辊或从动辊的前后位置，一般情况下输送带向相对较松的边滑动，在跑偏的方位调整主动辊或从动辊拉紧输送带即可。在调整时一次调整量不要过大，调到一定量开车观察，逐渐调整直到达到最佳值。输送带跑偏较严重时，单调主动辊或从动辊很难达到满意效果，这时要调整输送带托辊的上下位置来进行辅助调节，同样按照输送带跑松边的原理相应调节托辊的上下位置。底盘部的输送带也按此原理调整。

（5）使用要求：

① 操作人员应具有机动车辆驾驶经验，在上岗工作之前要加以练习。

② 操作人员在了解机器的性能及各部调节机构作用以后，

方可进行操作。

③ 开机之前必须对机器进行检查，检查拨棉辊和钢丝绳连接是否牢固，上下输送带和转盘通道部是否存有棉花，如发现问题要及时解决。

④ 操作人员在驾驶喂花机时一定要注意整个的摇臂，不要发生碰撞，尤其注意远离人员。

⑤ 在工作过程中注意拨棉辊的动作，如发现卡死停转现象要及时关掉电机，解决问题后再启动工作。

⑥ 工作过程中如有动作响应、不灵敏或卡停现象要及时停车检查。

(6) 维护保养及安全要点：

① 维护与保养。机器维护和保养的好坏与机器效率的发挥有直接关系，为使机器能够长期为您服务，必须对机器进行维护与保养。

经常检查液压管路是否有滴漏现象，若有，查明原因及时纠正；检查电路系统是否有脱线、断裂等异常现象。检视减速机变速箱润滑油位是否合适，不足时要及时加油。各润滑点应根据使用频率情况及时润滑。

液压油每一个加工季更换一次，并清洗油箱。液压油须沉淀 48 小时后，经细目滤网过滤加到油箱里，夏季用 46＃，冬季用 N32＃液压油；高寒地区必须用－20＃以下液压油。应注意保护好机器的外表面及标志，保护其完整美观。

要经常观察输送带的工作状态，不能拉得过紧或有跑偏磨损现象，不然会降低输送带的使用寿命。应一个月检查一次间隙和易损件，对变动的和损坏的应及时调整和更换。每个班工作完之后要清理各部位的棉花尘土，要保证机器的清洁，以免

模块一　现代肉羊生产

一、现代肉羊生产概况

（一）世界养羊业生产趋势

首先，由毛用向肉用方向发展。从20世纪50年代以来，养羊业发达的国家已将养羊重点由毛用转向肉用。法国30个绵羊品种中有13个肉羊品种。新西兰是世界上生产羔羊肉最多的国家，美国羔羊肉生产已成为养羊业的支柱产业，世界羔羊肉数量迅速增长。专家预测今后仍有上升趋势。

其次，大力发展肥羔肉生产。由于羔羊在6月龄前具有生长速度快、饲料报酬高、胴体品质好的特点，其生产在国际上已占主导地位。新西兰、法国、美国肥羔肉生产都在75%以上，澳大利亚也达到70%，并且在羊肉品质和增加胴体重量上进行了细致研究。新西兰和英国等国家，胴体重要求在16~19千克，而美国、荷兰则要求在25~28千克，以获得大胴体所产生的屠宰率、可食部分比例增加所带来的最佳产肉效果和经济效益。

最后，利用现代化新技术，向集约化方向发展养羊业。发达的国家基本实现了品种良种化、草原改良化、放牧围栏化和育肥工厂化，养羊水平很高，经济效益显著。这些国家在广泛采用多元杂交的基础上形成杂交体系，同时利用现代繁殖技术，调节光照，使用提早发情、早配、早期断奶、诱发分娩等措施来缩短非繁殖期的时间。通过同期发情技术，统一配种，集中产羔，规模育肥。在育肥手段上配制营养全面的日粮，以便于用最短育肥时间使羔羊达到上市体重。

（二）我国肉羊产业的现状和水平

我国养羊业历史悠久，改革开放以来，随着农业生产结构的战略调整和农村经济的全面发展，肉羊业已成为发展农村经济的一个重要支柱产业。尤其是我国加入 WTO 后，发展肉羊产业具有广阔前景。随着社会经济的发展，城乡人民生活水平的提高和对羊肉营养价值认识的深化，越来越受到广大消费者的喜爱，全国的羊肉市场供求两旺的形势将在相当长时间内不可能发生转变。

1. 我国肉羊数量有较大的发展

我国 1998 年绵羊存栏 11.8 亿只，产肉量为 125 万千克，肉羊生产起步较晚，20 世纪 80 年代由国外引进了夏洛来、多塞特、萨福克等 7～8 个肉羊品种，与本地绵羊杂交，由毛用羊逐步转向肉羊生产。2005 年，我国羊存栏达到 36 664.12万只，比 2000 年增长了 28%，占世界比重的 19.41%；羊肉产量达到 434.69 万吨，比 2000 年增长了 59%，占世界羊肉产量的 33.36%。

2. 羊肉质量有较大提高

过去我国羊肉生产主要以成年羊为主，育肥手段以放牧为主，靠较长的育肥时间来增加体重，致使出栏时间长、出栏率低、育肥效果差、肉质不佳，不能较好地适应市场的需要。自开展肉羊生产以来，利用引进肉羊品种开展杂交或经济杂交，提高羊只生长速度，1996 年当年羔羊出栏率达到 72.8%，胴体重量也有所提高。

3. 羊肉产品日渐丰富多样

目前我国肉羊产业从业人员约在 375 万～400 万。大型加工企业如草原兴发年屠宰（加工）肉羊 1 000万只，主要产品有羔羊肉、羔羊肉串、肉片系列、特色熟食和速冻食品等。小肥羊肉业有限公司年加工羔羊 100 万只，肉制品年产量 1 万吨。主要产

品为高档冷鲜肉、小包装分割肉、优质冷冻卷羊肉及各类副产品。我国肉羊生产主要分布在中原、内蒙古自治区（全书简称内蒙古）中东部及河北北部、西北、西南4个肉羊优势产区。2005年，肉羊产业带14省（区、市）羊肉产量占全国的80.5%。

4. 肉羊育种工作有显著进展

20世纪80年代以来，育种的主要目标集中在追求母羊性成熟早、全年发情、产羔率高、泌乳力强、羔羊生长发育快、饲料报酬高、肉用性能好，并注意结合羊肉与产毛性状。我国各省区在开展肉羊杂交的基础上，进行了大量科研工作，根据本地区不同品种结构特点，分别进行了品种间杂交试验，选出最优杂交组合。中国农业科学院畜牧研究所筛选出多塞特与寒羊的杂交组合，新疆畜牧研究所利用萨福克与本地细毛羊杂交，收到明显效果。在育肥方法上采用舍饲、补饲等方法提高羔羊生长速度，加快出栏率，这些试验研究成果都对肉羊生产起到了一定的推动作用。

（三）我国肉羊产业存在的问题

虽然经过几十年的发展，我国肉羊产业已经具有了较大的规模，出栏率和羊肉品质都有了较大的提高，但是，与世界上的发达国家相比还有比较大的差距，主要表现在肉羊育种、饲养管理手段、营养需要、肉羊生产和产品加工技术等方面。

1. 科技手段在肉羊生产上运用亟待加强

从技术水平应用上看，我国从种羊测定、人工授精等应用技术，到BLUP等统计方法，乃至DNA标记辅助选择、分子育种等技术均已掌握，但所有技术的应用都只在局部的范围、单一场内，未形成区域性乃至全国性的应用。导致至今未能形成强有力的种羊测定服务体系，没有国内自行估算的遗传参数、经济加权系数，自行研究享有专利权的DNA标记也很少。表面上看，各

项技术已在养羊业上应用，实际每项技术均还远未能发挥该项技术最佳效果，技术转化为生产力的潜力还非常大。如在羊场计算机应用上，我国许多羊场均配备有计算机，但很大程度上仍停留在一些文字处理工作上，羊场生产数据、种羊遗传参数和生产性能参数等数据管理等方面还存在诸多不足，更不用说建立区域性乃至全国性中心数据库，开展场间水平对比。

2. 生产经营模式落后，盲目引种、无序生产的现象随处可见

不切实际，盲目引种，是导致不少养羊户亏损的主要原因之一。不少养羊户在建场初期都不惜花大代价从外地大量购进种羊，而不去分析所引品种的特征，不结合自身的实际情况确定合理的生产经营模式，盲目效仿他人，使整个生产经营处于盲目运行之中。

3. 繁育技术落后，乱交乱配现象普遍

繁育手段及技术是影响规模养羊产量的重要因素之一。目前规模养羊场多数在繁殖上不注意选种选配，羊群中乱交、近交及利用杂交公羊来配种等现象非常普遍，导致群体品质下降，母羊繁殖障碍性疾病发病率上升。对种羊没有进行认真的选择，母羊患有乳房炎、子宫炎、卵巢囊肿等疾病，影响母羊繁殖率。

4. 饲养管理不科学，缺乏技术及未形成体系化

饲养管理粗放是目前规模养羊主要存在的问题之一。没有科学的饲养管理技术规程。饲养水平低下、管理粗放。主要表现在一是羊舍条件差，阴暗潮湿，通风不良，羊群发病率高。二是饲草饲料条件差。有些养羊户在饲料供应上很随便，常年仅以农作物秸秆作为羊的主要饲草，而且不经过任何处理；有的虽然经过处理，但处理的效果并不理想。同时又不注意补充精料和青饲料，导致羊的体质相当差、生长速度缓慢、繁殖低下，羊只存活率低等。

5. 缺乏完备的疾病防疫体系

目前，疾病防控滞后，不少养羊户对羊群疾病的防治没有引起足够重视，常见内科病、寄生虫病、产科病、传染病等在羊群中频频发生。如有的羊场流产率高达30%，繁殖障碍疾病在羊群中相当普遍，有的羊群有20%左右的母羊常年不繁殖。寄生虫病的感染率高达40%以上，内科病尤其是消化、呼吸系统疾病发病更是屡见不鲜，传染病的发生呈上升趋势。不少羊场羊死亡率达10%以上，高者可达25%以上，羔羊的死亡率更高。

（四）我国肉羊产业发展趋势

近年来，我国羊肉产量增长迅速，但人均羊肉占有量仅为2千克，而国际市场羊肉贸易量每年以1%～3%的速度增长。随着我国加入世贸组织，肉羊生产特别是肥羔肉生产有着巨大的发展潜力和市场前景。纵观我国肉羊产业，未来应从以下几个方面加强投入和建设。

1. 大力发展肥羔肉生产

肥羔肉鲜嫩、多汁、易消化、膻味轻。羔羊肉的组氨酸、缬氨酸、苏氨酸比例适宜。胴体瘦肉多，脂肪少，饲料报酬高，料重比（3～4）∶1，每增重1千克比成年羊节约饲料1/2以上。因此，世界上主要肉羊生产国都在大力发展肥羔生产。

2. 应用现代繁殖技术提高繁殖力

现在繁殖力较高的品种仅有芬兰的兰得瑞斯、俄罗斯的罗曼诺夫及我国的寒羊和湖羊。因此，要满足肉羊生产的需要，应大力推广现代繁殖新技术，如采用超排技术来提高受胎率，应用胚胎移植和胚胎分割技术来提高产羔率，采用同期发情技术来达到母羊同时发情，统一配种，使肉羊大批量生产，均衡上市。

3. 早期断奶、集中育肥

实质就是通过控制哺乳期来缩短母羊产羔间隔和控制繁殖周

期，以减轻母羊负担，达到一年两产或两年三产的目的，提高存栏母羊的生产效率。

4. 采用杂交方式，利用杂种优势

研究表明，利用杂交产生的杂种优势进行羊肉生产，一般产羔率可提高20%～30%，增重速度提高20%～25%，羔羊成活率提高40%～45%。20世纪80年代以来，我国已相继从国外引进多个专门化肉羊品种，这些专门化的肉用品种具有体型大，生长发育快，产肉性能高，肉质细嫩和繁殖力高等特点。目前，全国各地都已根据本地实际情况和气候特点来制定杂交方案，开展肉羊培育工作。

另外，发展肉羊生产还应注意防治疾病，改良草场，建立主导品种和生产基地，真正实现肉羊的社会化、集约化生产。小尾寒羊因具有高繁殖力和长年发情的特点，是发展肉羊最好的母本。只要将现代肉羊饲养综合配套技术与规模化养羊相结合，通过产业化示范，采取公司+农户的形式，建立产、加、销配套的肉羊生产调控体系，保证其可持续性发展，肉羊产业将有美好的前景。

二、肉羊产业政策与政府补贴

根据中央惠农政策，结合本地肉羊肉牛产业发展实际，不同的地市补贴政策不一，以乌鲁木齐市为例，2014年实施七项（http://www.8breed.com/yangzhiye/yangzhiyebutie/）养殖业补贴政策，加快肉羊肉牛生产发展，具体如下。

一补标准化养殖小区建设。2014年全市新建、改造标准化养殖小区60个，根据建设规模大小，补助30万～50万元，切实提高乌市养殖规模和标准化生产水平。二补养殖大户。2014年全市补助养殖大户400户，每户补助2万元，积极发挥养殖大户的示范带动作用。三补饲草料种植。2014年饲草料地每亩（1亩≈

业时,药液垂直向下喷施。这种喷雾机结构简单,操作方便,应用灵活,是一种普遍使用的喷药机械(图 4-1)。

图 4-1 喷杆式喷雾机

2. 吊杆式喷雾机

这款吊杆式喷雾机是装有横喷杆或竖喷杆的一种液力喷雾机。该喷雾机的特点是生产率高,喷洒质量好(安装狭缝喷头时喷幅内的喷雾量分布均匀性变异系数不大于 20%),能够做到棉株上下、左右全方位施药,是一种理想的脱叶催熟剂喷雾机(图 4-2)。

图 4-2 吊杆式喷雾机

(4) 每种脱叶催熟剂都要按推荐剂量施用，剂量过高，会带来枯叶危害；剂量过低，将导致脱叶不充分。

(5) 各种药剂与乙烯利等混用时，应现混现用，不能将混合好的药液隔夜施用。

(6) 施药时应戴口罩、手套，穿保护性作业服，严禁吸烟和饮食，以防药物中毒。

(7) 严格把握脱叶催熟剂施药时间。应确保棉株上部棉铃有 40 天以上龄期。黄河三角洲地区施药时间一般在 10 月 1 日前后 10 日内。

三、脱叶催熟剂喷施机械

（一）机械要求

脱叶催熟剂喷施机械除具备一般药物喷施机械功能外，还应满足如下要求：

(1) 脱叶催熟剂喷施机械应为自走式高地隙喷雾机或将喷雾机悬挂于高地隙拖拉机上，以减少机械对棉花的触碰和撞击。

(2) 喷雾机要用较高的雾化性能和良好的穿透性，以增强药物实施效果。

(3) 喷雾机要有较高的工作效率，以保证在较短的时间内完成喷施作业，不贻误农时季节。

(4) 喷雾机要实现全方位喷雾，最好让棉花叶片双面都能充分接触药液，以取得良好脱叶效果。

（二）主要机型

1. 普通喷杆式喷雾机

这种喷雾机的喷杆水平配置，喷头直接装在喷杆下面，作

二、常用脱叶催熟剂

1. 噻苯隆＋乙烯利

噻苯隆是一种常用的植物脱叶催熟化学剂，广泛应用于农作物脱叶催熟，也是良好的棉花脱叶催熟剂。

每公顷用量：50%噻苯隆可湿性粉剂 400 克＋40%乙烯利水剂 3 升＋水 600 升。

2. 棉海＋助剂＋乙烯利

棉海是江苏省激素研究所生产的棉花专用脱叶催熟剂，其主要成分是 54%噻苯隆和敌草隆混合悬浮剂。

每公顷用量：棉海（54%噻苯隆、敌草隆悬浮剂）200 毫升＋棉海助剂 800 毫升＋40%乙烯利水剂 1 升＋水 600 升。

3. 脱吐隆＋伴宝＋乙烯利

脱吐隆是德国拜耳公司生产的棉花脱叶剂，这种脱叶剂在新疆大面积使用，脱叶催熟效果较好。

每公顷用量：54%脱吐隆悬浮剂 150 毫升＋伴宝 800 毫升＋40%乙烯利水剂 1.2 升＋水 600 升。

无论使用何种脱叶催熟剂，都应遵循以下原则：

（1）脱叶催熟剂是一种接触性药剂，施药时应对棉株各部位均匀喷雾，使棉株各部位叶片均能接触到药剂，以达到良好脱叶效果。

（2）注意施药前后气温变化，用药前后 3～5 天日最低温度不低于 14℃。

（3）对于棉花密度较大且生长茂密的地块，可采用高剂量或采用两次施药，间隔时间 7～10 天。

第四章
棉花脱叶催熟机械

一、脱叶催熟机理

化学脱叶催熟是在收获前促使棉株的绝大部分叶片尽快脱落，使棉铃集中成熟的一种技术，是棉花机械收获关键配套技术之一。棉花的无限生长习性导致棉铃成熟和吐絮时间差异较大，机械化一次性采收又要求棉花集中脱叶、棉铃集中吐絮，所以采用化学脱叶催熟技术，尽可能促进棉花集中成熟，以达到良好机械收获效果。

化学脱叶催熟剂是一种植物生长调节剂，通过对植物体内内源激素的合成、运输、代谢、与受体的结合以及此后的信号传导过程进行干预，使原有的生长激素平衡遭到破坏，从而加快植物的生长发育进程，达到预定的脱叶催熟目的。棉花成熟后期喷施化学脱叶催熟剂，不仅促进棉铃吐絮开裂，而且还能使叶片提前脱落，方便机械采摘，减少籽棉污染。实践中一般将脱叶与催熟化学药剂混合使用，以实现一次喷药脱叶、催熟同时收效。

图 3-4　人工驾驶飞机植保作业图

随着无人机技术的不断发展，无人机用于农业植保范围越来越广。遥控式农业喷药小飞机，机体娇小而功能强大，可负载 8～10 千克农药，在低空喷洒农药，每分钟可完成 1 亩地的作业。喷洒效率是传统人工的 30 倍。无人机采用智能操控，操作手通过地面遥控器及 GPS 定位对其实施控制，其旋翼产生的向下气流有助于增加雾流对作物的穿透性，防治效果好，同时远距离操控施药大大提高了农药喷洒的安全性。还能通过搭载视频器件，对农业病虫害等进行实时监控(图 3-5)。

图 3-5　无人飞机植保作业图

表 3-3 约翰迪尔 4630 型喷雾机技术参数

项目	参数
配套动力(千瓦)	≥121.3(165 马力)
作业方式	自走式
气缸数	6
药箱容积(升)	2 274
离地间隙(米)	0.4～2.5
农作物间隙(米)	窄 1.12,宽 1.27
喷杆尺寸(米)	18,24

五、航空喷药机械

航空植保机械的发展已有几十年的历史,近年来发展很快,可用于病虫害防治、化学调控等作业。我国在农业航空方面使用最多的是运-5 型双翼机和运-11 型单翼机。运-5 型飞机是一种多用途的小型机,设备比较齐全,低空飞行性能好,可距离作物顶端 5～20 米,作业速度 160 千米/小时,起飞、降落占用的机场面积小,对机场条件要求比较低。在机身中部安装喷雾或喷粉装置,可以进行多种作业(图3-4)。

造成安全隐患。

② 安全规则。移动任何防护罩或保护装置，或者进行调试或维修前，必须切断电源，同时，保证维修期间电源始终处于关闭状态。

当需要停止电机，做维修工作时，把电机开关移到“停止”位置，并保证维修期间电机始终处于关闭状态。当机器运转时，不得从事清理、加油或调试工作。当机械装置被堵塞时，一定要断开电源后才能进行清理；手、脚和衣服要远离动力驱动部件。如果有大事故发生，可按紧急停车。但重新开车前必须清理干净输送带内的籽棉，防止开车时堵塞和损坏设备。不管喂花机在工作过程还是非工作状态，摇臂下面都严禁站人或有人通过。拨棉辊在工作过程中不得有人员靠近，人员必须在拨棉辊工作处 2 米之外。

4. MWDZ-20 喂花机

MWDZ-20 即棉花多功能液压喂花机。适用范围：既对人工采摘的散花喂花输送，又能对机械采摘的棉模自动开松输送。

(1) 主要特点：主机部分采用人性化设计，工作台面与地平面平齐，装载棉花方便，易清理；喂花量自动调节，控制灵活方便；铝合金导轨板条，加有高耐磨密封，有效防尘，使用寿命长；PLC 智能控制，位移信号时时采集，控制精度高；液压比例调速，运行平稳可靠；液压系统采用电解热以及风冷，用来控制液压油温度，以防在冬季或者夏季因油温过高或者过低影响系统稳定性；整机结构科学、合理，方便安装。

(2) 技术特性：

① 主要性能指标。台时产量 20 吨。

② 主要规格与技术参数。工作压力 16 兆帕，机身整体尺

寸(长×宽×高)24 693 毫米×3 604 毫米×5 338 毫米,油缸行程 160 毫米,液压系统功率 30 千瓦,开松机功率 18.5 千瓦,整机重量 20 吨(图 6-6)。

图 6-6 MWDZ-20 喂花机

(3) 工作原理:MWDZ-20 棉花多功能液压喂花机分运棉和开松两大部分,运棉部分完成籽棉自动输送功能,开松部分将运棉部送来的籽棉打散,然后进入吸风管。

MWDZ-20 棉花多功能液压喂花机共有 28 根直线导轨在同一平面上并列依次排开,共分为 4 组,每组由 1 个油缸带动往复运动,并且每组油缸分别有 1 个位移传感器,用来控制油缸位移及各油缸之间的位移误差补偿。第 1 组为 1,5,9,13,17,21,25;第 2 组为 2,6,10,14,18,22,26;第 3 组为 3,7,11,15,19,23,27;第 4 组为 4,8,12,16,20,24,28。作用是把籽棉放在导轨平面上,不断向开松机输送籽棉。

开松机放置在导轨平面上，用来开松导轨输送的籽棉，并把籽棉输送到吸花口。

(4) 安装与调整：

① 安装。首先，将运棉部的底座按顺序吊装在预先铺设好的地基(整体平面度不大于5毫米)上，将塑制滑动轴承按图纸要求依次装在底座上；铝合金板条按要求装入橡胶密封条，然后将其压装在底座上；按图纸要求，将开松部装在运棉部的前端，固定。

② 调整。底座需要使用水平测试装置，对其进行水平调整；底座前后放线，调整其直线度，调整无误，对框架进行连接紧固。开松使用水平测试装置，对其水平进行调整，达到要求后紧固。电气线路及元器件要进行一一测试，见无误，方可送电；液压系统通电正常，加入液压油，为保证系统运行平稳需大循环48小时。

(5) 使用要求：

① 电压应在350～400伏范围内方可使用。

② 电器柜、电器接线盒、操作控制台上的电器元件及各处接线不得任意拆下或变更。电器柜需要上锁，由专人管理。

③ 各接近开关及信号板不得任意变动，接近开关及信号板安装时需加弹簧垫圈。

④ 带电时不允许摇晃、插拔PLC模块。

⑤ 液压油箱上的各液压元件，特别是各调节手柄、调节旋钮，严禁任意变动。

⑥ 油箱油温严格控制在50℃以下，否则会影响液压系统的正常工作。

⑦ 非工作人员在工作时不得进入操作间，以免影响操作人员。

(6) 维护保养及安全要点：

① 维护与保养。打包机应有专业人员负责操作，操作人员应熟知打包机的工艺流程。

班前、班后应对打包机进行必要的环境卫生清理工作，主要包括送棉小车内部的清理，预压压头的清理，固定箱周围的清理，钩棉器两侧的清理，中心立柱旋转固定架的清理以及走台的清理。

班前检查机器各连接部件是否牢固，转动是否灵活，零件是否磨损或损坏。特别是各油管法兰连接螺钉是否松动，以免发生意外。

每班必须对旋转部件、滑动部件进行润滑与清洁工作；班前检查油箱油位是否在油标的显示范围内，液压油应定期过滤或更换，首次使用应在使用一个月后过滤，以后每年过滤一次，换油时，必须对油箱进行彻底的清洗。

回油过滤器的滤芯堵塞时(屏幕有显示)，应及时清洗或更换。必须经常注意打包机的工作状况，执行安全的操作规程，发现问题及时停车解决，严禁打包机带病工作。经常注意液压油缸的工作情况，发现漏油或渗油情况及时处理，液压油缸密封件的更换参照附图。液压系统维修后，应先空载运行，注意主压油缸、预压油缸的排气处理。新机器使用 1 周后，所有连接部位应重新紧固一次，以防松动。打包机长期停止不用时，必须每月开动一次，以免液压元件卡阻生锈。冬季长时间不用时，应对冷却器进行放水处理，以免冷却器冻裂。转箱减速机每使用一年更换润滑脂，推荐使用特种润滑脂－2＃、二硫化钼－2＃或 2L－2 锂基润滑脂，注入量为内腔容积的 1/3～1/2。

② 安全规则。移动任何防护罩或保护装置，或者进行调试

或维修前，必须切断电源，同时，保证维修期间电源始终处于关闭状态；当只需要停止电机，做维修工作时，把电机开关移到“停止”位置，并保证维修期间电机始终处于关闭状态。

当机器运转时，不得从事清理、加油或调试工作。当机械装置被堵塞时，一定要断开电源后才能进行清理。手、脚和衣服要远离动力驱动部件。如果有任何紧急情况，可按紧急停止按钮，从而使喂花机所有功能断电。分别按住控制台上的开松、运棉和冷却上的绿色键约 5 秒，迅速启动并停止电机，检查泵的转向是否正确。不允许泵反向转动超过数秒，否则会损坏泵。如果电机转向错误，让电工及时纠正电机转向（电机一端有指示电机和泵正确转向的箭头）。

MWDZ-20 棉花多功能液压喂花机的安装应注意开松机下淌棉道的工艺要求，严格按图示要求去做，否则会影响喂花机的性能。

十一、邯郸金狮棉机有限公司的设备

1. MDMC-3 打模机

MDMC-3 打模机主要适用于籽棉的预压成型，从而实现籽棉棉模运输和籽棉自动喂入，节约运输和用工成本。

（1）主要特点：该机与棉模喂料机配套使用，完全可以取代人工喂料，降低了工人劳动强度，提高了轧花生产线的正常运转率，增加了加工厂的效益。

经该设备预压缩后棉模自重约 3 吨，可以利用加工厂现有叉车进行作业，经过该设备压缩过的籽棉可形成籽棉棉模，在缓解籽棉堆垛压力的同时，使籽棉的自动喂入成为可能，降低

人工成本，实现了更均匀、更高效的籽棉喂入。

（2）技术特征：

① 主要性能指标。籽棉台时处理量 10 吨，吨籽棉耗电量≤1.1 千瓦·时，噪声≤85 分贝(A)。

② 主要技术参数。公称力 14 兆帕，棉模尺寸 3 300 毫米×2 200 毫米×2 200 毫米，棉模重量 3 吨，整机重量 6 吨，配备动力隔爆电机 YB200L-4B35 一台，30 千瓦，1 470 转/分(图 6-7)。

图 6-7　MDMC-3 打模机

（3）主要构成及工作原理：

① 主要构成。MDMC-3 打模机主要由车体、踩压梁组装、踩压组装、车轮组装、液压系统等几部分组成。

② 工作原理。首先将籽棉用输送装置喂入打模车，当籽棉充满打模车内部空腔时，通过操作手柄驱动踩压装置前后移动并进行踩压作业，等籽棉再次充满打模车内部空腔时再次重复踩压作业，如此循环 3～4 次，即可将籽棉压缩成既定尺寸和重

量的籽棉棉模。棉模成型后,操作手柄驱动车轮组装,使整机离开地面,操作手柄打开后门,通过拖拽装置将压实的棉模移出(也可用拖车将打模车拖走),合上后门,将整机下落,进行下一棉模的打模作业。

(4) 安装与调试:

① 安装。机器安装前,要先按地基图打好地基,待混凝土凝结后,按总装图尺寸要求将设备移动到位,装上踩压梁组装和踩压组装。

② 调试。检查所有紧固件有无松动现象,如发现松动及时拧紧,检查并拧紧油箱上和各油缸上的法兰及管接头;检查油位,油位过低需补充液压油;接通电源,检查电机旋转方向,必须使电机旋转方向与液压泵要求方向一致;油泵空载运行 3～5 分钟,调定系统压力,检查各液压动作是否正常。

(5) 操作要求:

① 巡回检查各个部件运行状况,并注意加润滑油。

② 定期对机器进行清洁工作。

③ 熟悉并掌握液压系统工作原理,在机器不能正常工作的过程中,能迅速做出判断,并具有解决常见问题的能力。

(6) 维护保养及安全规则:

① 维护与保养。经常检查机器各部位是否正常,发现问题及时解决;操作者要经常清理液压系统附着的飞绒;轴承定期清洗、换油,磨损严重时要更换新轴承。

② 安全规则。设备运转时不得靠近;设备运转时除操作平台外,打膜机上部和踩压横梁上不得有人;当后挡板升起或放下时确定没有人和车在区域内;不得到升起的打膜机底下;当有棉花时,打膜机周围严禁抽烟及使用电焊设备;检查并及时

修复损坏的液压管路,避免管路爆裂。

2. MSZW-2800L 散状籽棉喂料机

MSZW-2800L 散状籽棉喂料机主要适用于机采棉、手工快采棉及手摘棉的喂料,可有效解决籽棉垛场喂花问题。

(1) 主要特点:采用独特的链条输送、机械开松自动喂入机构,取代传统的人工喂料方式,降低人工劳动强度,实现散状籽棉喂料机械化;喂入量大,效率高,能耗低;台时处理量大,提高了喂料速度,保证了整条生产线满负荷生产,缩短了加工周期,降低了吨皮棉消耗,提高了加工厂的经济效益;喂料连续均匀,有利于提高皮棉加工质量;通过独有的喂入机构,籽棉得到充分开松,生产线在相对稳定的工况下运行,为籽棉的烘干、清理、提高排杂效率提供了保证,提高了皮棉的加工质量,保证了皮棉质量的一致性。

(2) 技术特征:

① 主要性能指标。籽棉台时处理量 15 吨,吨籽棉耗电量≤3.3 千瓦·时,噪声≤85 分贝(A)。

② 主要技术参数。有效工作宽度 2 800 毫米,开松辊直径 400 毫米,机器外形尺寸(长×宽×高)5 400 毫米×5 400 毫米×16 130 毫米,整机重量 20 吨。

③ 动力配备。喂料电机 Y200L2-6 22 千瓦 1 台,输送电机 XWD5.5-8215A-377 5.5 千瓦 1 台,绞龙电机 XWD2.2-8115-11 2.2 千瓦 1 台。

(3) 主要结构及工作原理:

① 主要结构。MSZW-2800L 散状籽棉喂料机主要由喂料部、输送部、输棉绞龙部组成(图 6-8)。

图 6-8 MSZW-2800L 散状籽棉喂料机

② 工作过程。喂料机置于地坑，籽棉可由运棉车直接倾倒于喂料机输送部上，也可以由铲车将散状棉垛推入到喂料机输送部上，然后由输送部将籽棉送入喂料部。籽棉经喂料部开松后由输棉绞龙排出，然后由吸棉管道送到车间进行加工。输棉绞龙部设有排杂绞龙，可将杂质排出。喂料机喂入速度靠变频器控制，其速度可以根据车间的实际需要加以调整，保证了喂料的均匀性和喂入量的合理性，进而保证加工车间的高效运转。

(4) 安装与调试：

① 安装。机器安装前，要先按说明书提供的地基图打好地基，待混凝土凝结后，将机器安装到位。在安装过程中，不得吊任一轴头，以免把轴吊弯，影响使用。排杂绞龙排出的杂质清理方式自定，例如可下到地坑中直接清理，还可以配置一台提升机将杂质输送到地面清理。

② 调试。检查所有紧固件有无松动现象，如发现松动及时

拧紧;轻转各转动件,观察有无摩擦、碰撞现象,如发现摩擦或碰撞现象,及时调整;卸下三角带,检查电机转向是否正确,转向正确后,装上三角带,进行空车及重车试验,无任何问题后,开车生产。

(5) 操作要求:

① 巡回检查各个部件运行状态,并注意加润滑油。

② 定期对机器进行清洁工作,特别是链条上面的棉花和排出的杂质要定时进行清理。

③ 掌握机器运转状态对处理量的影响,在机器不能正常工作的过程中,能迅速做出判断找出产生的原因,消除因机器运行状态不良而影响处理量的现象。

④ 操作人员靠近地坑边时一定要注意安全,避免跌落到坑中。

⑤ 籽棉被推入前发现石头、砖块、铁块、木棒、苫布等物,应及时拣出,听到异常声响立即停机,以免在开松时打火引起火灾以及对机器产生不必要的损伤。

(6) 维护保养及安全规则:

① 维护保养。严格按照要求启停机器,经常检查机器各部位是否正常,发现问题及时解决;操作者要经常清理安全罩内、轴上附着的飞绒;轴承定期清洗、换油,磨损严重时要更换新轴承;定期检查刺钉辊刺钉的磨损情况,发现严重磨损或掉钉时,及时修复或更换。

② 安全规则。机器开动后,禁止触摸机器上任何部件,安全警示标志应保持完好、醒目,损坏后及时更换;开车后,听见异响或闻到焦煳气味应及时停车,切断电源,待原因查明并解决后方可送电开车;设备运行时,输送辊上不得有异物。

第七章
清理加工工艺及设备

山东天鹅棉麻机械公司和邯郸金狮棉机有限公司等国内两家企业在引进美国机采棉清理加工技术装备的基础上，分别研制开发了各具特色的机采棉清理加工工艺和设备。在设备选型上，山东天鹅棉麻机械公司以美国大陆鹰公司为技术依托，籽棉清理烘干系统中，采用了两级塔式烘干设备，增设了一级提净式籽棉清理机(可旁通)，籽棉的二级清理工艺中采用了冲击式籽棉清理机；邯郸金狮棉机有限公司则在拉姆斯公司设备的基础上，针对机采棉的特点，按照先清重、后清轻、再清细小杂质的顺序，推出了机采棉清理加工成套设备。

机采籽棉的含杂特性决定了机采棉清理加工工艺及设备配套是以籽棉的清理和烘干为主，工艺中共设置了七级籽棉清理工序、两级籽棉烘干工序、三级皮棉清理工序。烘干的目的在于降低叶片类杂质的含水率，减少杂质与棉纤维之间的附着力，以利于清除杂质。皮棉清理的作用是进一步提高皮棉的轧工质量。皮棉加湿的目的是提高打包机的工作效率、减少崩

包，而且可以保持纤维品质，增加棉包商业重量。

七级籽棉清理所配套的设备依据工作原理的不同可分为气流式重杂清理机、刺钉滚筒式籽棉清理机和锯齿式籽棉清理机以及组合式籽棉清理机四种机型，皮棉清理机可分为气流式和锯齿式两种机型。

一、美国拉姆斯公司的工艺及设备

美国拉姆斯公司机采棉清理加工工艺分为七个系统，按流程的顺序是籽棉喂入系统、一级籽棉烘干清理系统、二级籽棉烘干清理系统、输棉及轧花系统、皮棉清理系统、集棉和加湿系统、打包和棉包输送系统(图 7-1)。

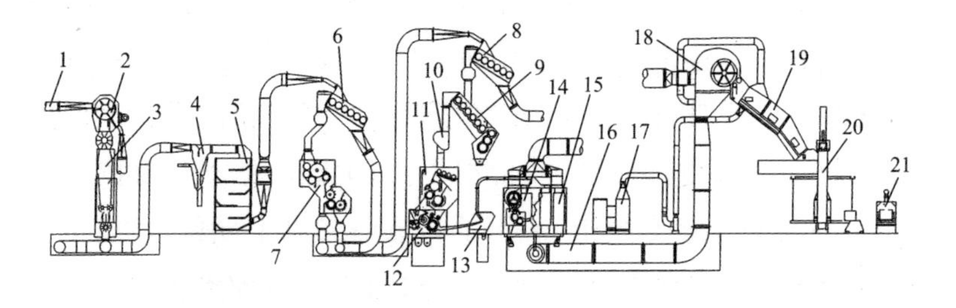

图 7-1　美国拉姆斯公司机采棉清理加工工艺

1. 吸棉管　2. 定网籽棉分离器　3. 喂入控制箱　4. 青铃沉积器　5. 烘干塔　6. 倾斜式六辊籽棉清理机　7. 提净式籽棉清理机　8. 倾斜式六辊籽棉清理机　9. 回收式六辊籽棉清理机　10. 配棉绞龙　11. 提净式喂花机　12. 锯齿式轧花机　13. 气流式皮棉清理机　14,15. 锯齿式皮棉清理机　16. 集棉管　17. 加湿器　18. 集棉机　19. 皮棉滑道　20. 打包机　21. 棉包输送装置

配套设备为：伸缩吸管籽棉喂入机→转网式籽棉分离器→籽棉喂料控制箱→重杂沉积器→大容量籽棉烘干塔(间隔 27 英寸，68.6 厘米)→倾斜式六辊籽棉清理机→枝秆及绿叶清除机→标准籽棉烘干塔(间隔 13.5 英寸，34.3 厘米)→倾斜式六

辊籽棉清理机→带回收装置的倾斜式六辊籽棉清理机→输棉绞龙及溢流棉处理装置→喂棉机→锯齿式轧花机→气流式皮棉清理机→锯齿式皮棉清理机→热气发生器(燃气或燃油)→集棉机→附热气流导入装置的皮棉滑道→下压式皮棉打包机→棉包称重及输送装置。

1. 提净式籽棉清理机工作原理

拉姆斯"LITTLE GIANT"提净式籽棉清理机宽度有1.8米、2.1米和3.6米(6英尺、8英尺和12英尺)等。该设备设计简单,适用于不同生产规模的棉花清理加工线,维护方便,无须经常监测。工作过程如下:籽棉在重力的作用下均匀落到第一个抛掷输送器上,第一个抛掷输送器将籽棉喂给大齿辊,依附在齿辊表面的籽棉和杂质在锯齿的钩拉下随大齿辊转动,当碰到阻铃板时,铃壳被挡回原抛掷输送器,抛掷输送器将杂质(包括铃壳、棉秆、棉叶等)和部分籽棉送到机器的一端,在重力作用下掉到第二个抛掷输送器上,第二个抛掷输送器又将籽棉抛喂给大齿辊,杂质被反弹回来,籽棉被锯齿钩走,同时,抛掷输送器又将杂质和少部分籽棉送到机器外。上述第一、第二抛掷输送器的底板冲有圆孔,使细小杂质在输送过程中送到第三个输送器上,大刺辊钩拉的籽棉,先遇到钢丝刷被抹紧,杂质则在离心力和排杂棒阻隔作用下,脱离齿辊。除铃后的籽棉随齿辊一同转动,转至刷棉辊处被刷下,之后由一调节挡板控制或排出机外,或进入除棉秆机。

除铃后的籽棉,在重力作用下均匀喂入除棉秆机上的工作辊,一排固定的钢丝刷把籽棉抹在锯齿上,随着工作辊高速旋转,杂质产生20～30倍于自身重量的离心力,再在3根排杂棒的有效阻隔下,脱离工作辊,同时有一部分籽棉也脱离工作辊,在重力作用下喂入第二或第三(回收辊)工作辊,一部分受到较

大离心力的杂质，直接排入杂质绞龙。干净的籽棉被刷棉辊刷下，排出机外。喂入第二工作辊的籽棉，经历的过程同上。喂入第三工作辊的籽棉数已很少，使刷齿能更有效地钩拉籽棉，虽然转速略低一些，但在格条栅网底的作用下，能更有效地清除杂质，所有杂质被绞龙排出机外。第二、第三工作辊上干净的籽棉，被同一个刷棉辊刷下，排出机外（表 7-1）。

表 7-1　提净式籽棉清理机的技术特性

机　型		6MQL-8 型	6MQL-15 型
主要性能指标	处理量（千克/小时）	8 000	15 000
	清铃效率（%）	不低于 98	不低于 98
	清秆/清壳效率（%）	不低于 95	不低于 95
	清僵效率（%）	70	70
	清杂效率（%）	40～50	40～50
	100 千克籽棉耗电量（兆焦）	0.612	0.468
	噪声（兆帕）（安）	不大于 85	不大于 85
主要规格与技术参数	滚筒有效宽度（毫米）	2 000	3 000
	大刺条（升松）辊滚筒直径（毫米）	350	670
	刺条辊滚筒直径（毫米）	450	450
	两回收辊直径（毫米）	350	350
	拨棉辊直径（毫米）	300	300
	钢丝刷与锯齿滚筒间隙（毫米）	1～2	1～2
	刺条滚筒与除杂棒间隙（毫米）	10～30	10～30
	拨棉辊与齿条辊间隙（毫米）	1～2	1～2
	回收辊与格条栅（一）（二）的间隙（毫米）	15～20	15～20
	配用电动机（千瓦）	1.1（喂棉） 11（主电动机）	7.5（清铃） 0.015（提净）
	外形尺寸（长×宽×高，毫米）	2 700×1 880 ×1 980	4 040×2 400 ×4 182
	整机重量（千克）	3 800	6 000

提净式籽棉清理机设备有简单的旁通管路，无须清理的籽棉直接进入下一加工环节。

2. 设备结构

(1) 主要部件：两台带格栅的排杂锯齿滚筒、毛刷脱棉滚筒、旁通阀、三角皮带传动系统、排杂绞龙的输出部分和排杂滚筒的链式传动系统、电机基座（不需要滑动基座）等。

(2) 配套辅助设备：带三角皮带驱动的电机、带链式驱动的排杂器、卸棉料斗、钢支架、排杂管道平台、防护门、梯子、闭风阀、连接风管等防护罩。

(3) 配套动力：1.8 米（6 英尺）提净机 7.5 千瓦（10 马力），2.1 米（8 英尺）提净机 11 千瓦（15 马力），3.6 米（12 英尺）提净机 18 千瓦（25 马力）。

(4) 设备重量：1.8 米（6 英尺）提净机 1 179 千克，2.1 米（8 英尺）提净机 1 741 千克，3.6 米（12 英尺）提净机 3 401 千克。

二、山东天鹅棉机公司的工艺及设备

山东天鹅棉业机械股份有限公司是以生产棉花加工成套设备为主业的中美合资合作公司，成立于 1946 年，2002 年整建制改造为山东天鹅棉业机械股份有限公司。2005 年，与美国大陆鹰公司成功合资合作，生产、经营逐步与国际接轨。主要产品有 6MWD10 固定式自动喂花系统、MSZB10 移动式自动喂花系统、MJP-1 皮棉加湿系统、MDY-400A1 静音节能液压棉花打包机、多功能排僵式籽棉清理机、籽棉异性纤维（残膜）清理机、MYP-Ⅱ型高效齿形滚刀皮辊轧花机、MY-126 种子专用锯齿轧花机、MY-109 生态锯齿轧花机、MDY-400B 型系列成套打包装

置、锯齿式轧花成套设备系列、棉籽剥绒成套设备、皮辊轧花成套设备、机采棉加工成套设备系列、锯齿式轧花机系列等。

(一) 机采棉清理加工工艺流程

机采棉清理加工工艺可分为三大系统，即籽棉烘干、清理系统，轧花、皮棉清理系统，集棉、打包系统，成套设备小时生产率 7～10 吨(图 7-2)。

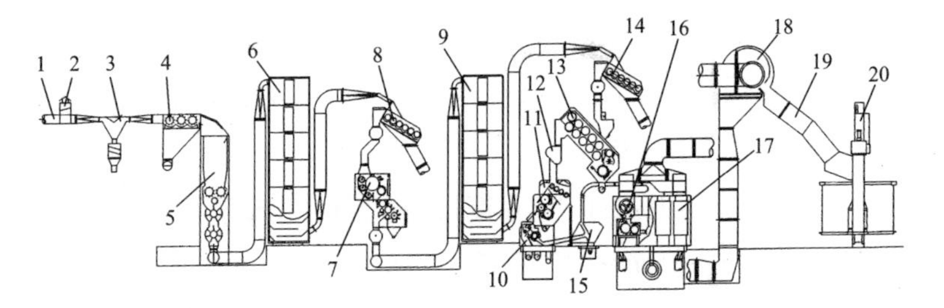

图 7-2　山东天鹅棉业机械公司机采棉清理加工工艺

1. 吸棉管　2. 通大气阀　3. 重杂沉积器　4. 外三辊　5. 喂入控制箱　6. 烘干塔　7. 提净式籽棉清理机　8. 倾斜式六辊籽棉清理机　9. 烘干塔　10. 锯齿式轧花机　11. 提净式喂花机　12. 配棉绞龙　13. 冲击式籽棉清理机　14. 倾斜式六辊籽棉清理机　15. 气流式皮棉清理机　16,17. 锯齿式皮棉清理机　18. 集棉机　19. 皮棉滑道　20. 打包机

配套设备为(按工艺流程顺序)：通大气阀→重杂分离器→三辊分离器→储棉箱→烘干塔→倾斜式籽棉清理机→闭风阀→提净式籽棉清理机→闭风阀→烘干塔→倾斜式籽棉清理机→闭风阀→冲击式籽棉清理机→配棉绞龙→锯齿式轧花机→气流式皮棉清理机→锯齿式皮棉清理机→集棉机→打包机

在工艺中，设计了人工常规采棉、人工快采棉清理加工工艺，通过调整管路阀板的位置，可实现不同的清理加工工艺流程。

2. 技术参数

技术参数见表 3-2。

表 3-2　　3WP-800 吊杆式喷雾机技术参数

项目	参数
配套动力(千瓦)	≥40.4(55 马力)
挂接方式	三点后悬挂
作业速度(千米/小时)	3～5
喷幅(米)	12
药箱容积(升)	800
药泵型式	四缸隔膜泵

(三) 约翰迪尔 4630 型喷雾机

实物见图 3-3,技术参数见表 3-3。

图 3-3　约翰迪尔 4630 型喷雾机

（二）主要清理加工设备

1. MQZY-15B 籽棉异性纤维清理机

MQZY-15B 籽棉异性纤维清理机主要用于清理籽棉在采摘、摊晒、贮存、运输过程中混入的各种异性纤维杂质，如编织袋丝、人畜毛发、家禽羽毛、地膜片等。

(1) 主要特点：缠绕部 4 根缠绕辊成"S"形曲线排列，再加上弧形缠绕托板的包覆作用，增强了缠绕清理的效果。换辊机构操作简单，用户根据籽棉含杂情况可自由选择缠绕辊的道数。

抛射部采用叶片式抛射辊，不会损伤籽棉，抛射时籽棉与异性纤维即可产生初步分离。

气流清理部分尘笼采用两侧吸风，风力分配均匀，尘笼两端的风门可自由调整吸风气流的大小。同时尘笼内含有闭风胆，使杂质能够完全被剥杂辊剥落由排杂绞龙排出，不会出现回杂现象。

分离室内封闭，利用淌棉板的网孔补充气流，使分离室内的空气流动均匀一致，又可排除细小重杂。

(2) 技术特性：

① 主要性能指标。籽棉处理量 15 000 千克/小时，清理效率>70%。

② 主要规格与技术参数。结构质量 5.4 吨，外型尺寸(长×宽×高)3 800 毫米×2 600 毫米×4 600 毫米，缠绕部减速机 GR57-Y5.5-4P-5.05-M1，抛射部电机 Y132S-4-5.5，清理部减速机 BLD2-43-1.5W，闭风阀电机 Y132M2-6-5.5，离心式通风机 4-72NO.16B，风机电机 Y200L1-6-18.5。

(3) 工作原理：MQZY-15B 籽棉异性纤维清理机利用机械

缠绕、机械抛射和气流吸附的共同作用来清理多种异性纤维杂质。

籽棉从上一道工艺流程首先进入籽棉异性纤维清理机的喂料部,喂料部内的刺钉辊和开松辊将大团籽棉开松,均匀地喂入缠绕部,喂料部前门打开,可定期清理开松辊上缠绕的杂质。

缠绕部内有四道缠绕辊,在缠绕钉的缠绕和缠绕托板的包覆作用下,籽棉与异性纤维杂质分离。缠绕托板可上下调整,缠绕辊缠满杂质后可随时更换。缠绕清理主要清除的是较长纤维杂质,如长编织丝等。对于长异性纤维杂质含量低的籽棉(如机采棉)可减少缠绕辊及缠绕托板数量,减弱或省略缠绕清理环节。

经过缠绕清理后籽棉进入抛射部,抛射辊高速旋转,将籽棉抛入分离室内,形成具有一定速度的散状棉层,以便于气流吸附清理。

清理部的两道尘笼采用两侧吸风,吸风尘笼产生的气流将抛射棉层内的异性纤维杂质吸附到两道尘笼网面上,待网面旋转后,由剥辊将杂质剥落到排杂绞龙内排出机外。清除杂质后的籽棉在自身重力作用下落到淌棉板上,再由闭风阀送入下一道工序。根据籽棉性质及现场状况调整尘笼两侧的风门可控制分离室内的风量,达到最佳清理效果。吸附主要清理的是轻短纤维杂质及片状杂质,如短编织丝、羽毛、地膜片、短发丝等,同时分离室内的淌棉板还可清除细小重杂(图 7-3、7-4)。

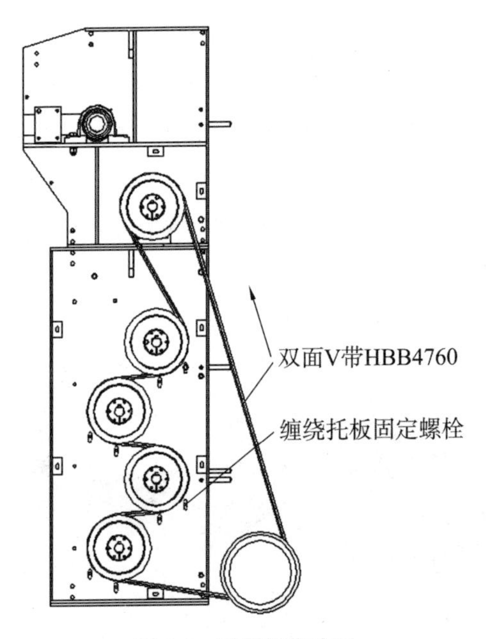

图 7-3　缠绕部传动图

图 7-4　MQZY-15B 籽棉异性纤维清理机

2. MQZX-15 倾斜式籽棉清理机

MQZX-15 倾斜式籽棉清理机是一种将杂质(不孕籽、僵瓣棉、铃壳、叶屑、尘土等)从籽棉中分离出来的机械,籽棉经清理后杂质明显降低,同时还能使籽棉提高 0.5～1 个品级(图 7-5)。

(1) 主要特点:清杂效率高;产生的棉索少,籽棉外观好看;对纤维几乎不损伤等。

图 7-5　MQZX-15 倾斜式籽棉清理机

(2) 技术特性:

① 主要性能指标。叶屑、尘土清除率≥70%,棉秆清除率≥35%,清理前后对比品级≥0.5 级,噪声≤85 兆帕(安),吨籽棉耗电量≤1.5 千瓦·时。

② 主要规格与技术参数。含水 6%～8%的籽棉台时产量最高 15 000 千克/小时,随含水的升高则相应降低,清杂效率也降低。

刺辊直径 390 毫米,格条间隙 8 毫米或 4 毫米,格条与刺辊间隙15～22毫米或10～15毫米，用于风吸杂质箱靠近格条部风速<1米/秒，刺辊动平衡精度G16级，籽棉进口尺寸（长×宽）3 650毫米×210毫米、外型尺寸（长×宽×高）4 150毫米×2 200毫米×2 700毫米。

（3）工作原理：籽棉经风吸（或从分离器的闭风阀下落）到第一个刺辊后，经击松后落入下面的刺辊，籽棉在6个刺辊下面与格条栅之间，经过打击、相对摩擦、籽棉的滚动等过程后，杂质由格条栅部排出，籽棉从出口部落入下一道工序。

3. MQZJ-10排僵式籽棉清理机

MQZJ-10排僵式籽棉清理机用于棉花加工企业在棉花加工生产线上清理籽棉（图7-6）。

（1）主要特点：排僵式籽棉清理机是一种组合式籽棉清理机，它既有刺钉辊筒清理单元，也有锯齿辊筒清理单元，将二者有机地融为一体。

图7-6　MQZJ-10排僵式籽棉清理机

排僵式籽棉清理机具有软特杂清理、僵瓣清理、开僵瓣、杂质清理 4 种功能，是当今市场上仅有的集 4 种功能于一体的籽棉清理机，是籽棉清理的理想设备。

该机既能分开使用，又能整体组合，方便用户选择和使用。既保护了籽棉品级又节约了能源，使用户在使用过程中具有更大的灵活性。

(2) 技术特性：

① 主要性能指标。清杂效率≥50%，清僵效率≥70%，落棉率≤0.3%，噪声≤85 兆帕(安)，100 千克籽棉耗电量≤0.18 千瓦·时。

排杂性质：僵瓣、不孕籽、铃壳、棉秆、叶屑、尘土等。

② 主要规格与技术参数。处理量 10 000 千克/小时，配备动力 5.5 千瓦+5.5 千瓦，外形尺寸(长×宽×高)3 400 毫米×2 650 毫米×3 150 毫米，进花口尺寸(长×宽)2 646 毫米×300 毫米，整机重量 4.2 吨。

(3) 工作原理：采用了先进的抛掷式清理技术，将刺钉辊筒清花和锯齿提净清花融为一体。

4. MQZT-15 提净式籽棉清理机

MQZT-15 提净式籽棉清理机适用于快采棉、机采棉(图 7-7)。

(1) 主要特点：主要用来清除机采棉中的棉铃壳和棉秆，属于大杂清理机。

(2) 技术特性：采用串联抛掷式输送器和高弹性挡铃板，提高了排杂效率，降低了纤维损伤。

① 主要性能指标。铃壳清除率≥85%，棉秆清除率≥60%，细杂清除率≥15%，籽棉损耗≤0.5%，吨籽棉耗电量≤

1.5 千瓦·时，噪声≤85 兆帕(安)。

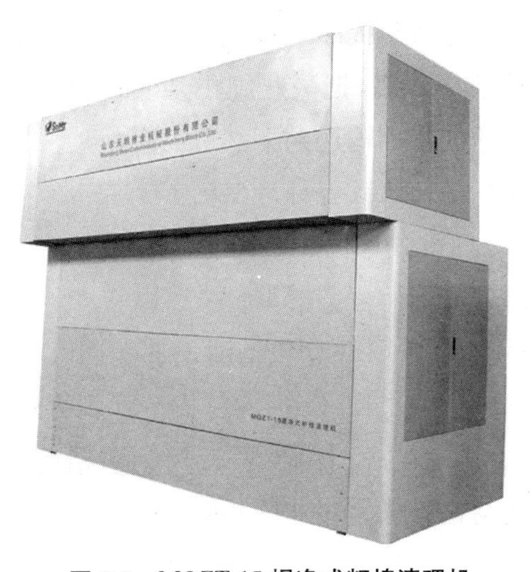

图 7-7　MQZT-15 提净式籽棉清理机

② 主要规格与技术参数。回潮率 6%～8%的籽棉台时处理量为 13 000～15 000 千克/小时，随籽棉回潮率的升高产量相应降低，清杂效率也降低。

大 U 型刺条辊直径 700 毫米，大刷棉辊直径 350 毫米，U 型刺条辊直径 420 毫米，刷棉辊直径 300 毫米，功率 Y200L-4 30 千瓦，整机重量 7.5 吨。籽棉进口尺寸 415 毫米×3 650 毫米，籽棉出口尺寸 450 毫米×3 950 毫米，外形尺寸(长×宽×高)4 850 毫米×2 250 毫米×4 260 毫米，底脚尺寸(长×宽)4 032毫米×2 040 毫米。

(3) 工作原理：提净式籽棉清理机是利用抛掷反弹的原理清除铃壳，利用提净和离心原理清除棉秆。抛掷式输送器抛掷籽棉 U 型刺条辊把籽棉钩拉，铃壳由阻铃板阻隔输送器把部分重杂(如石块、棉秆、铃壳等)排出。排杂棒阻隔实现籽棉与杂质的分离。籽棉进入到提净式籽棉清理机下部,通过三道型刺条辊的钩拉排杂棒分离,把一些细小杂质排出(如棉叶、棉秆、尘土),比较干净的籽棉输送到下一个工序。

5. MQZH-15 回收式籽棉清理机

MQZH-15 回收式籽棉清理机用于棉花加工企业在棉花加工生产线上清理籽棉。

(1) 主要特点:主要部分包括清理部和回收部。回收部能将清理部排落的小花头回收,进入籽棉流。刺钉辊筒为机械铆接、锥度球冠型刺钉的 12 棱结构,辊筒制造精度高,径向跳动小。刺钉辊筒与格条栅采用非同心圆结构(图 7-8)。

图 7-8　MQZH-15 回收式籽棉清理机

(2) 技术特性:

① 主要性能指标。清杂效率≥70%,排杂性质:不孕籽、铃壳、棉秆、叶屑、尘土、僵瓣等。

清理前后对比品级提高 0.5 级，噪声≤85 兆帕(安)，1 吨籽棉耗电量≤1.8 千瓦·时。

② 主要规格与技术参数。含水 6%～8%的籽棉处理量为 13 000～15 000 千克/小时，随含水的升高产量相应降低，清杂效率也降低。

刺辊直径 390 毫米，回收辊直径 420 毫米，毛刷辊直径 380 毫米。籽棉进口尺寸 3 650 毫米×300 毫米，出口尺寸 3 650 毫米×420 毫米，籽棉进口与出口中心距离 1 356 毫米，配用电机 Y200L2-6 22 千瓦，外型尺寸 4 740 毫米×3 490 毫米×4 110 毫米，结构质量 7 吨。

(3) 工作原理：清理部利用筛分原理实现杂质与籽棉的分离，回收部利用擦拭抖动结合惯性离心力回收掉落的小花头。

6. MY96-17 锯齿式轧花机

MY96-17 锯齿式轧花机适合任何从事细绒棉加工的企业使用(图 7-9)。

(1) 主要特点：机型中等，配套灵活，操作维修方便；全自动控制，性能特别稳定，安全运转率不低于 98%；采用中箱排籽技术，适应高回潮率籽棉加工，节能；采用进口美国盲板锯片，产量高、寿命长，轧工质量好；整机结构科学合理，采用多种新技术、新材料；采用流线型、全封闭、专业加工防护罩，安全、环保；不同台数整机灵活配套，可组建不同规模的轧花生产线。

(2) 技术特性：

① 主要性能指标。台时产量 600～1 200 千克，功率46.12 千瓦，皮棉轧工质量达到或优于付轧同等级棉花国家标准，噪声≤90 兆帕(安)。

图 7-9　MY96-17 锯齿式轧花机

② 主要规格与技术参数。锯片片数 96 片，锯片直径 320 毫米，毛刷筒直径 380 毫米，外形尺寸（前后×轴向×高度）2 850毫米×2 385 毫米×2 750 毫米，整机重量 4.2 吨。

(3) 工作原理：籽棉通过锯片钩拉、肋条阻隔，实现纤维与棉籽的分离。

喂入轧花机前箱的籽棉通过拨棉刺辊送至轧花锯片，锯片锯齿钩拉住籽棉经阻隔肋条进入工作箱。此时籽棉在工作箱内运行速度和锯片线速相等，在通过肋条工作点时，锯片将所镶嵌在锯齿中的纤维钩拉走。剩下的随棉卷继续运转。籽棉在工作箱内停留时间大约 1 分钟，形成正常工作棉卷后，由锯片周而复始运行钩拉，被锯片又新钩拉的籽棉进入工作箱内，此时此位置就产生了由速度差所生成的间隙，被轧净的棉籽从此处接连不断地被挤出工作箱，顺轧花肋条和阻壳肋条中间排出。被锯齿钩拉的纤维经后箱装有高于锯片线速度数倍的毛刷刷入皮棉道，送至皮棉清理机，经清理后送至集棉尘笼进行打包包装。

7. MY126-19.4 锯齿式轧花机

MY126-19.4 锯齿式轧花机适合任何从事细绒棉加工的企业使用，特别适合种子棉加工。

(1) 主要特点：特殊的籽棉预处理结构对种子棉进行自然分级筛选；加工“顺势而为”，最大限度地减少机械对籽棉的打击，保持轧出皮棉、棉籽的原生状态；采用大工作箱、大片距，棉卷松紧适宜，纤维与棉籽自然分离，最大限度地保持皮棉天然的外观形态与原有长度，保证棉籽完好无损；特殊的工作箱结构，开合箱灵活方便，棉籽毛头率自由调整；科学利用流体力学原理，有效改善工作环境，提高刷棉效率，确保皮棉质量；因花配车，调整方便(图 7-10)。

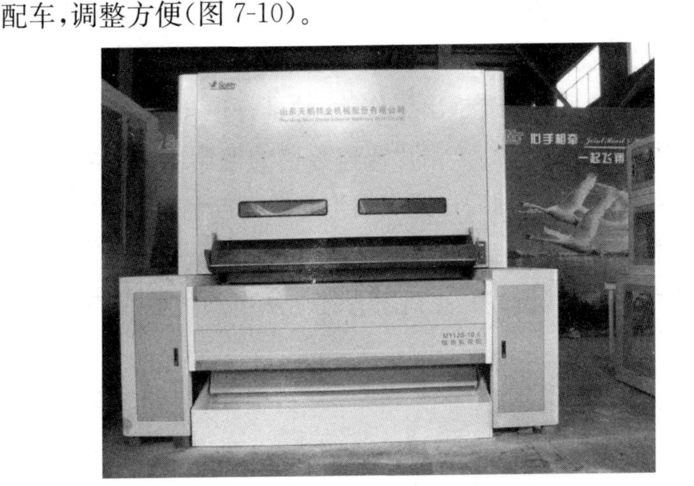

图 7-10　MY126-19.4 锯齿式轧花机

(2) 技术特性：

① 主要性能指标。台时产量 1 400～2 300 千克，功率 87.85千瓦，皮棉轧工质量达到或优于付轧同等级棉花国家标准，噪声≤90 兆帕(安)。

② 主要规格与技术参数。锯片片数 126 片,锯片直径 406 毫米,毛刷筒直径 380 毫米,外形尺寸(前后×轴向×高度) 4 330毫米×3 400 毫米×3 320 毫米,整机重量 8 吨。

(3) 工作原理:籽棉通过锯片钩拉、肋条阻隔,实现纤维与棉籽的分离。

喂入轧花机前箱的籽棉通过拨棉刺辊送至轧花锯片,锯片锯齿钩拉住籽棉经阻隔肋条进入工作箱。此时籽棉在工作箱内运行速度和锯片线速相等,在通过肋条工作点时,锯片将所镶嵌在锯齿中的纤维钩拉走,剩下的随棉卷继续运转。籽棉在工作箱内停留时间大约 1 分钟——指形成正常工作棉卷后。由锯片周而复始运行钩拉,被锯片又新钩拉的籽棉进入工作箱内,此时此位置就产生了由速度差所生成的间隙,被轧净的棉籽从此处接连不断地被挤出工作箱,顺排籽道排出。被锯齿钩拉的纤维经后箱装有高于锯片线速数倍的毛刷刷入皮棉道,送至皮棉清理机,经清理后送至集棉尘笼进行打包包装。

8. MY199-16 锯齿式轧花机

MY199-16 锯齿式轧花机适合任何从事细绒棉加工的企业使用(图 7-11)。

(1) 主要特点:喂花部使用新型刺钉辊、U 型齿条辊和刷棉辊,籽棉受力均匀,无飞尘,清杂效率高,下花连续均匀;全新的工作箱参数设计,更利于棉卷运转,皮棉产量高、质量好,棉籽毛头率易于控制;开合箱采用曲柄结构,平稳可靠;新型结构替代了棉籽梳、阻壳肋条,降低使用成本;整机结构合理,运行平稳,维护方便,有效改善了工作环境。

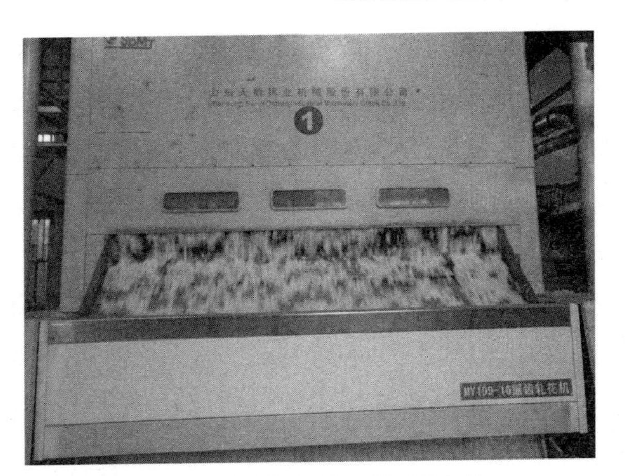

图 7-11　MY199-16 锯齿式轧花机

(2) 技术特性：

① 主要性能指标。台时产量 2 000～3 000 千克，功率 107.25千瓦，皮棉轧工质量达到或优于付轧同等级棉花国家标准，噪声≤90 兆帕(安)。

② 主要规格与技术参数。锯片片数 199 片，锯片直径 406 毫米，毛刷筒直径 450 毫米，外形尺寸(前后×轴向×高度) 4 560毫米×3 676 毫米×3 558.5 毫米，整机重量 11 吨。

(3) 工作原理：籽棉通过锯片钩拉、肋条阻隔，实现纤维与棉籽的分离。

喂入轧花机前箱的籽棉通过拨棉辊送至轧花锯片，锯片锯齿钩拉住籽棉进入工作箱。籽棉在通过肋条工作点时，镶嵌在锯齿中的纤维被钩拉走，剩下的随籽棉卷继续运转。锯片周而复始进行钩拉，被钩拉完纤维的棉籽，随籽棉卷运行至活动盖板的位置时，籽棉卷线速最低，该处由于锯片又新钩拉籽棉进入工作箱内，此位置就产生了由速度差所生成的间隙(低密度区),被轧净棉纤维的棉籽与籽棉卷无附着力,从此处不断地被挤出工作箱,顺着轧花肋条排出。被锯齿钩拉的纤维经后箱装有高于锯片线速数倍的毛刷刷入皮棉道,送至皮棉清理机,经清理后送至打包机进行打包包装。

9. MQP-400×2000E 皮棉清理机

MQP-400×2000E 皮棉清理机仅用于棉花加工企业在棉花加工生产线上清理皮棉(图 7-12)。

(1) 主要特点:整机采用多种特殊材料,结构合理,性能稳定可靠;合理的分梳比及分梳工艺长度确保整机高产、优质、低耗,纤维损伤小;刺条采用特殊材料及齿型,使用寿命长,清理效果好,对纤维损伤小;特殊结构的排杂刀使整机在最大限度清除杂质的同时,有效减少纤维损耗;防护罩采用本高 1.5~2.0毫米一级冷轧板,通过数控设备加工成型,采用先进的磷化工艺和塑粉涂覆技术,强度大、精确度好、抗氧化。

图 7-12　MQP-400×2000E 皮棉清理机

(2) 技术特性:

① 主要性能指标。台时皮棉处理量(籽棉含水<7%)

1 000～1 800 千克，功率 19 千瓦，清理后的皮棉质量符合 GB1103-2007 中轧工质量的规定，空载噪声≤85 兆帕(安)。

② 主要规格与技术参数。刺辊辊筒直径 400 毫米，毛刷辊筒直径 450 毫米，尘笼直径 610 毫米，整机重量 3.2 吨。

(3) 工作原理：皮棉在轧花机毛刷气流的吹送以及皮棉清理机风机的吸引下，通过管道，送往尘笼，含尘气流则从风道中排入尘室。贴附在尘笼的皮棉随着尘笼顺时针旋转，被罗拉剥取下来，形成均匀连续的棉胎，均匀地被刺辊钩拉梳理，被钩拉的纤维跟随刺辊做高速圆周运动。不孕籽、自然杂质及大颗粒的疵点较重，所以在离心力的作用和 7 根尘棒的阻挡下排出，通过吸杂管道收集清理。被钩拉的纤维与毛刷相遇时，即被毛刷刷入皮棉道，送到集棉尘笼进行打包。

10. MQP-600×3000E 皮棉清理机

MQP-600×3000E 皮棉清理机仅用于棉花加工企业在棉花加工生产线上清理皮棉(图 7-13)。

(1) 主要特点：整机采用多种特殊材料，结构合理，性能稳定可靠；合理的分梳比及分梳工艺长度确保整机高产、优质、低耗，纤维损伤小；刺条采用特殊材料及齿型，使用寿命长，清理效果好，对纤维损伤小；特殊结构的排杂刀使整机在最大限度清除杂质的同时，有效减少纤维损耗；直径 600 毫米刺辊的应用，使刺辊转速有效降低，整机稳定性、可靠性显著提高；防护罩采用本高 1.5～2.0 毫米一级冷轧板，通过数控设备加工成型，采用先进的磷化工艺和塑粉涂覆技术，强度大、精确度高、抗氧化。

图 7-13　MQP-600×3000E 皮棉清理机

(2) 技术特性：

① 主要性能指标。台时皮棉处理量(籽棉含水<7%)2.4～3.6 吨,功率 27.5 千瓦,空载噪声≤85 兆帕(安)。

② 主要规格与技术参数。刺辊辊筒直径 600 毫米,毛刷辊筒直径 600 毫米,尘笼直径 610 毫米,刺条规格 AT6020×05030V,整机重量 6.6 吨。

(3) 工作原理:皮棉在轧花机毛刷气流的吹送以及皮棉清理机风机的吸引下,通过管道,送往尘笼,含尘气流则从风道中排入尘室。贴附在尘笼的皮棉随着尘笼顺时针旋转,被罗拉剥取下来,形成均匀连续的棉胎,均匀地被刺辊钩拉梳理,被钩拉的纤维跟随刺辊做高速圆周运动。不孕籽、自然杂质及大颗粒的疵点较重,所以在离心力的作用和 7 根排杂刀的阻挡下排出,通过吸杂管道收集清理。被钩拉的纤维与毛刷相遇时,即被毛刷刷入皮棉道,送到集棉尘笼进行打包。

11. MDY400C 打包机

(1) 主要特点：

① 机械部分。MDY400C 打包机主体机架部分采用主压梁、预压梁分体叠加式结构，主压立柱、中心立柱采用螺母台肩式定位连接型式。两只主压油缸及预压油缸、脱箱油缸均安装在上梁上，为下压式结构。机械整体部分设计合理，结构紧凑，刚性及稳定性好。

棉箱采用了焊接型式的整体式结构，脱箱安全可靠，安装方便，包型方正美观；棉箱的导向采用了以耐磨塑料为材料的滑块与导轨配合的导向型式，与目前国内采用的导柱导套型式相比，这种导向型式灵活可靠，脱箱阻力大大减小；打包机脱箱到位后，采用插销油缸的棉箱定位是它的独到之处，采用这种结构进一步增加了系统工作的安全性；脱箱采用油缸安装在上梁的上脱箱型式，工作平稳，安装方便，易于维修；转箱采用了液压马达控制技术，转箱无冲击，快速而平稳；预压系统的棉包计量采用反应敏感的新型压力传感器控制，使计量更加准确；打包机的钩持器采用以钩持器下底面为受力点的结构型式，与目前国内采用的以钩持器顶面为受力点的结构相比，这种结构钩棉效果明显，同时在棉箱上箱口增加了吸花罩，能有效防止飞花等现象；辅机系统配套完整，接包小车、棉包套包器、棉包推包器、电子秤、输送机、接包架、棉包标签条形码自动生成系统以及在线水分检测，实现了棉包下线的自动化控制。真正实现了“积木”式安装，安装快捷方便；配置信诺全自动塑带捆包机，完成棉包的自动捆包装置。

② 液压系统。液压系统部分采用帕克公司产品；阀块的设计采用两通插装阀结构，运行平稳可靠、无冲击，工作效率高；

转箱采用液压马达，工作更平稳、更可靠；主压下行采用导向结构，压头运行更平稳。

③ 电气部分。主压及预压信号感应板采用无级位置调整，调整更方便、更准确；主压、预压、脱箱压力和主压、预压电流通过模拟量输入模块到 PLC 中，实时采集，实时控制，使打包机工作精度更准；对主压下行、脱箱上下行、棉包计量和转箱动作实行报警指示，减少危险；具备故障自动显示系统，便于及时了解运行情况；棉箱锁紧装置可以锁紧棉箱，并且使用两个接近开关进一步增加安全系数，当转箱到位后，转箱锁紧装置可以锁紧棉箱，从而使棉箱不至于越程，起到保护作用。

（2）技术特性：

① 主要性能指标。台时产量 13 620 千克（60 包）。

② 主要规格与技术参数。公称力 4 000 千牛，包型尺寸 14 000－30×5 300－10×（700～850）（毫米），包重 227 千克±10 千克，压缩高度 485～508 毫米，功率 194.35 千瓦，整机重量 45 吨，预压次数 8～12 次/包，主压油缸活塞杆的垂直度≤1.5/1 000，主压工进时棉包压缩高度为 485～500 毫米，工退到位时距棉箱口距离 100～150 毫米，端前后四点的水平允差 1 毫米，主压上梁和预压上梁的水平允差 0.5 毫米，11 位时压缩深度 300～350 毫米，踩板定位时预压头与大槽钢下面的距离 50 毫米。

（3）工作原理：MDY400C 打包机分主机、辅机、信息共享三大部分，主机部分完成皮棉自动打包功能，辅机部分完成棉包的自动输送功能，条码、在线测水完成信息共享功能。主机由液压系统驱动油缸工作，通过 PLC 智能控制系统的控制，不同的油缸协调工作，共同完成喂棉、踩棉、打包、脱箱、提箱、抛包、称重等工作的自动化过程。

皮棉经过集棉装置与风机分离后形成棉胎，经淌棉道进入打包机送棉部，由送棉油缸推动进入棉箱，然后，由预压油缸进行踩压。送棉油缸与预压油缸协同工作，送棉一次，踩棉一次，经过多个循环后，随着预压踩棉次数的不断增加，预压压力也逐渐增加，当达到预压压力设定值时，高精度的压力继电器发出棉包计量信号，此时，预压油缸返回至计数器显示为“3”的位置停止。同时发出提箱、转盘开锁、转箱、落箱指令。当转箱、落箱到位后，预压油缸又开始一个新的打包循环。另一侧，主压油缸柱塞自动下行，经 SP1、SP2、SP3 压力继电器的信号反馈，系统自动控制主压油缸的工作流量，工作速度逐渐变慢，同时系统压力逐渐增大，当下行到位时，柱塞停止，脱箱缸开始工作，棉箱自动上行到位停止，锁箱缸将棉箱锁紧。此时，可以安全地开始手动、半自动或者自动穿丝及搭扣工作。穿丝完毕后，人工发出指令，柱塞上行、接包小车前进。接包小车前进到位后，自动抛包。同时柱塞上行(如果不打裸包，柱塞上行几秒至棉箱内停止，待抛包完成、小车后退时自动下行到位，完成摊包布包压头的工作。完成后，人工再次发出指令，此时，柱塞上行，落箱下行，到位后停止，主压等待下一个循环。如果打裸包，柱塞将直接上行到位，待抛包完成、小车后退时，落箱下行到位停止，主压等待下一个循环)。接包小车后退到位后停止，推包器自动推包前进，前进到位后自动返回停止。之后，就可以进行棉包的条形码标签自动生成工作，至此，打包机完成了一个完整的循环。

三、河北邯郸金狮棉机公司的工艺及设备

邯郸金狮棉机有限公司(中棉公司控股企业)自 1999 年以

来研制的机采棉清理新工艺设备，在新疆生产建设兵团通过多次性能试验，能有效地清除籽棉中的棉铃、棉壳、棉秆、僵瓣棉等重杂物和棉叶、不孕籽、尘杂等细小杂质，可以改善籽棉的外观形态和色泽，不影响机采籽棉的品质，保证皮棉加工质量，提高轧花机的效率。

（一）机采棉清理加工工艺流程

邯郸金狮棉机有限公司在国内外机采棉清理加工工艺及设备基础上，推出了机采棉清理加工成套设备，针对机采棉含杂高、含杂种类多、含水高的特点，按照先清重、后清轻、再清细小杂质的顺序，设定了五级籽棉清理、三级皮棉清理、二级烘干的加工工艺，以确保清理加工后皮棉的品级和含杂。工艺路线上设置了旁通管路，使设备既适合机采棉，又适合人工快采及手摘棉的清理加工。

采棉清理加工工艺改进了倾斜式籽棉清理机的结构，减少了沉积箱和阻风阀，增加了卸料器。遵循先清除重杂、再清除细小杂质的原则，在清除重杂物之前，尽量减轻对籽棉的打击力度和次数，使重杂在不被破坏原有形态时得到清除，提高设备清除重杂的效率，为皮棉的加工质量提供保障。

1. 工艺流程

自动棉膜开松机或货场→重杂物清理机→籽棉卸料器→自动喂料控制器→一级烘干塔→籽棉卸料器→籽棉清铃机→回收式籽棉清理机→二级烘干塔→籽棉卸料器→倾斜式籽棉清理机→回收式籽棉清理机→配棉绞龙→轧花机→气流式皮棉清理机→锯齿式皮棉清理机（两级）→集棉机→皮棉加湿器→打包机（图 7-14）。

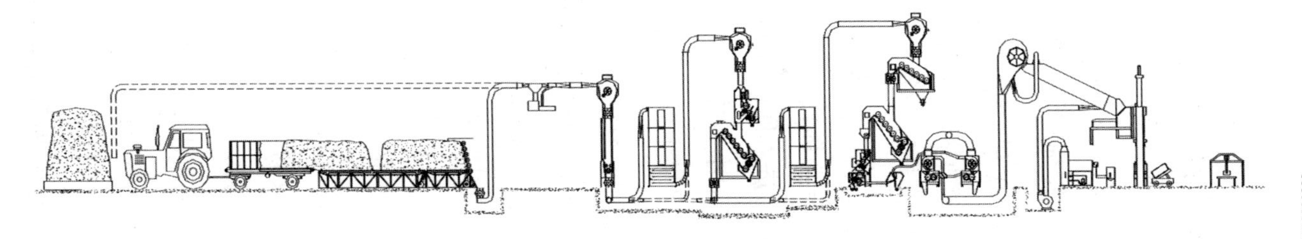

图 7-14 机采棉清理加工工艺流程

2. 工艺过程

机采棉清理加工工艺过程(见流程图)如下:采棉机采收的籽棉经由运棉拖车运至加工厂,或者在田间被打成棉模,由棉模车将棉模运送到棉花加工厂,然后卸在自动喂棉机上。自动喂棉机将棉模开松,并喂入籽棉输送系统(籽棉输送系统也可以直接从货场棉垛吸棉)。在籽棉输送系统中设有重杂物清理机,首先将大颗粒杂质及僵瓣清除。然后通过籽棉卸料器将气料分离,把籽棉卸入喂料控制器。喂料控制器将一定量的籽棉喂入一级籽棉烘干系统进行烘干。烘干后的籽棉通过籽棉卸料器喂入清铃机清除籽棉中的棉铃、棉壳、僵瓣棉和其他重杂物等。清除后的籽棉靠重力进入回收式籽棉清理机,以清除籽棉中棉叶、不孕籽和尘杂等细小杂质。然后籽棉被送入二级籽棉烘干系统进行烘干。二次烘干后的籽棉被吸入籽棉卸料器进入倾斜式籽棉清理机,倾斜式籽棉清理机对籽棉中的细小杂质进一步清理,然后将籽棉喂入回收式籽棉清理机。回收式籽棉清理机再次对籽棉中的细小杂质进行彻底清除。清理干净的籽棉被配棉绞龙分配到各个轧花机进行轧花。加工出的皮棉送入气流式皮棉清理机,清除不孕籽、破籽、棉叶等较大杂质。然后,送入两级锯齿式皮棉清理机再次清除皮棉中的各类杂质。轧花机和皮棉清理机排出的不孕籽棉被不孕籽回收系统吸入不孕籽提净机,对有效的纤维进行回收。清理后的皮棉被送入总集棉机实现气棉分离,并将皮棉压成棉胎送入皮棉溜槽。皮棉加湿系统将皮棉溜槽中的皮棉回潮到规定值,最后进入打包机打包。成型的棉包被运包车运至自动计量及输包系统进行称重计量并输送出车间,打包机自动取样机构自动取样,信息采集打印条形码,记录棉包信息,从而完成整个加工过程。

3. 工艺设备

(1) 籽棉输送系统：

① 打模机和运模车。为配合采棉机的田间作业而研制了打模机和运模车，它把采棉机采收的籽棉打成模块，并运送到棉花加工厂自卸到自动喂棉机上。

② 自动喂棉机。自动喂棉机有两种形式，一种是开松部固定不动，棉模由排辊输送平台向前输送；另一种是棉模不动，开松部在固定轨道上往返移动，开松后的籽棉由输送带送到一端，经管道进入车间加工，喂入下道工序。开松滚筒的转速不宜太高，应使其既能开松棉模又不破坏重杂物的原有形态，便于清理工序有效地清除重杂物。

③ 风力输送装置。由吸棉管道、重杂物清理机和容积式籽棉卸料器组成。经自动喂棉机松解后的籽棉，喂入到吸棉管道，在管道中部设置了重杂物清理机，首先将籽棉中所含重杂物进行清除，然后由籽棉卸料器将籽棉卸入喂料控制器。吸棉管道有两个吸口，除吸自动喂棉机松解后的籽棉外，如果籽棉不需要开松，另一吸口可以直接从货场棉垛吸棉。

(2) 籽棉烘干及清理系统：

① 一级籽棉烘干设备。由籽棉喂料控制器、热源部分、烘干塔或烘干滚筒、调温装置和输送管道组成。进入籽棉喂料控制器的籽棉被连续均匀地喂入输送管道，此时来自热源的热空气与籽棉混合进入烘干塔或烘干滚筒进行烘干脱水。热空气的温度可以根据籽棉含水率的大小自动调节。热源部分可采用燃煤式热风炉，在烘干塔或烘干滚筒的进出口间设有旁通，不需要烘干的籽棉可直接进入下道工序。

② 一级籽棉清理设备。由容积式籽棉卸料器、清铃机、回收式籽棉清理机和输送管道组成。一级烘干后的籽棉由风力输送到籽棉卸料器。籽棉卸料器将籽棉与热空气分离，并将籽棉喂入清铃机以清除棉铃、棉壳、棉秆、僵瓣等重杂及棉叶和尘杂。然后，籽棉靠重力进入回收式籽棉清理机清除不孕籽、棉叶、尘杂等细小杂质。同时籽棉清理机又对杂质中的籽棉进行回收，以降低籽棉损耗。清理后的籽棉被喂入下道工序。不需要清理重杂的籽棉可通过旁通管道直接进入下道工序清理细小杂质。

③ 二级籽棉烘干设备。由热源部分、烘干塔或烘干滚筒、调温装置和输送管道组成。热源部分可与一级烘干系统热源合用，也可单独配置。经一级清理后的籽棉，当仍需烘干时，进入二级烘干塔或烘干滚筒进行烘干。如不需烘干，则由旁通管道直接进入下道工序进行清理。

④ 二级籽棉清理设备。由输送管道、倾斜式籽棉清理机和回收式籽棉清理机组成。二级烘干后的籽棉被风力输送到卸料器把籽棉和热空气进行分离，然后进入倾斜式籽棉清理机，对籽棉中的不孕籽、细小杂质及尘杂进行清理，清理后籽棉靠重力喂入回收式籽棉清理机对上述杂质进一步清理。经两道烘干和多种籽棉清理机的清理，籽棉的外观形态及品质得到改善，为皮棉的加工升级创造了条件。

（3）轧花及皮棉清理系统：由配棉绞龙、轧花机、溢流箱、容积式籽棉卸料器、气流式皮棉清理机、皮棉道和两级锯齿式皮棉清理机等组成。经清理后的籽棉由重力式籽棉清理机喂入配棉绞龙，配棉绞龙将籽棉配送到各轧花机的储棉箱内。当储棉箱中的籽棉超过轧花机的生产能力时，多余的籽棉被配棉绞龙输送到溢流箱。溢流箱内的籽棉超过一定量后，再由输送管道及籽棉卸料器喂回配棉绞龙。储棉箱内的籽棉被轧花机的喂棉部件均匀地喂入轧花机工作箱进行轧花。同时，喂棉部分对籽棉再次进行清理，轧花部分也对皮棉进行初步清理。轧出的皮棉由皮棉道进入气流式皮棉清理机，清除皮棉中含有的不孕籽、带纤维籽屑、棉叶、棉结、索丝等大颗粒杂质。然后，再经皮棉道进入两级锯齿式皮棉清理机，以清除皮棉中剩余的杂质，保证加工后皮棉质量符合国家标准的有关规定。

在两级锯齿式皮棉清理机之间设有旁通管道，如果皮棉不需要进行二次清理，可直接进入下道工序。

(4) 集棉及打包系统：由皮棉道、总集棉机、皮棉溜槽、加湿器、400 型打包机和棉包重计量、条形码系统及输包装置组成。皮棉清理机清理后的皮棉由皮棉道进入总集棉机，实现棉气分离并形成棉胎落入皮棉溜槽。皮棉溜槽内的皮棉被打包机喂棉装置喂入包箱，进行预压、打包。棉包包重自动计量并由输送装置输送至车间外。当皮棉含水率较低时，加湿器开始工作，使皮棉均匀地回潮至控制值，以利于打包。

(5) 不孕籽回收系统：由不孕籽输送管道和不孕籽提净机等组成。轧花机和锯齿式皮棉清理机排出的不孕籽，由输送管道送入不孕籽提净机，将不孕籽中的游离纤维进行回收，以减少皮棉损耗。

4. 工艺特点

(1) 该工艺配置了棉模开棉机、烘干系统、加湿系统和棉包自动计量及输包装置。新研制的高效籽棉清理机组和 6MY168-17 大型轧花机、6MY98-17 中型轧花机组解决了以往设备存在的问题，设备性能进一步提高，运转更加可靠。

(2) 该工艺及设备适应棉花加工行业向规模化、集约化、效益型转变的需要。轧花机结构设计合理，提高了单机生产率。清理工艺的合理配置，保证了加工后的皮棉质量。因此，加工同等数量的籽棉所需设备的台数较以往有所减少，缩小了占地面积。

(3) 该工艺自动化程度高、耗电低、劳动强度低。在各关键部位设置了检测元件，并实现了电视监控。采用了现代化的微机控制手段，实现了智能化生产。它可根据原料的情况自动生成生产工艺，提高了自动化程度，降低了操作者的劳动强度。动力配备更加合理，降低了耗电量。

(4) 该工艺适应性强。在工艺路线上多处设置了旁通管路，既适合机采棉的清理加工，又适合人工快采和手摘棉的清理加工。

(二) 机采棉成套设备结构原理及性能技术参数

机采棉的整个加工过程中，要将含杂10%左右的机采籽棉加工为含杂低于2%的皮棉，清杂工作量大，籽棉需经二次烘干、多级清理，皮棉需经二级清理，因此，清理机械的性能对机采棉的加工质量起着重要的作用。

邯郸金狮棉机有限公司主要有中型和大型两种系列机采棉清理加工设备。中型设备主要包括6MZQ-8、6MZQ-8C倾斜式籽棉清理机，6MQL-8清铃机，6MHZQ-8回收式籽棉清理机，6MY98-17智能轧花机，6MPQ400-2000C皮棉清理机等；大型设备主要包括6MZQ-15、6MZQ-15C倾斜式籽棉清理机，6MQL-15清铃机，6MHZQ-15回收式籽棉清理机，6MY168-17智能轧花机，6MPQ400-2800皮棉清理机，6MDY400液压棉花打包机等。

1. 6MZQ-8、6MZQ-15 倾斜式籽棉清理机

6MZQ-8、6MZQ-15 倾斜式籽棉清理机设备断面如图7-15。

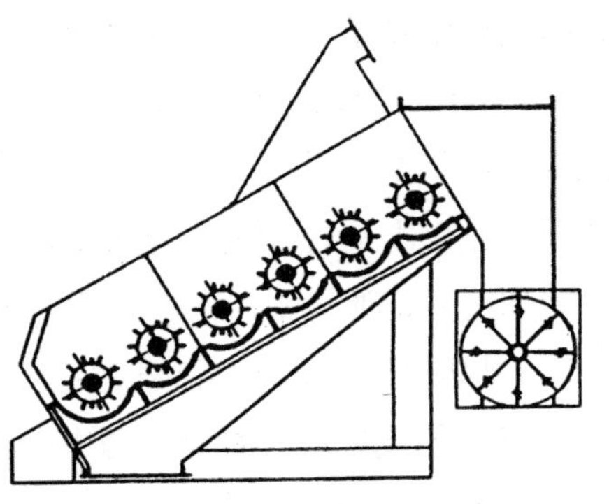

图 7-15　6MZQ-8(6MZQ-15)设备断面图

清理含水率不大于 12%的手摘棉、人工快采棉和机采棉。主要清理籽棉中的细小杂质，如砂石、灰尘、棉叶、铃壳和小的棉秆等，具有清杂效率高、处理量大、运行平稳、性能可靠等特点。

(1) 主要性能指标：台时处理量 8 000 千克(15 000 千克)，清杂效率 40%～60%，吨籽棉耗电不大于 1.6 千瓦·时，噪声不大于 85 兆帕(安)。

(2) 主要部件和配套件的规格和参数：清花刺辊直径 315 毫米，清花刺辊有效长度 2 000 毫米(3 000毫米)，清花刺辊与格条栅之间间隙 15～18 毫米，配套动力 15 千瓦(22 千瓦)。

(3) 设备主要结构和工作原理：主要由 6 个清花刺钉辊、格条栅、阻风阀、机器侧壁、溜杂槽及传动系统等几部分组成。

6MZQ-8(6MZQ-15)倾斜式籽棉清理机一般需要与沉积箱、风机、沙克龙等设备进行配套使用。籽棉在风机负压气流的吸引下，进入清理机内，在清花刺钉辊的冲击作用下，籽棉被

打击由下至上滚动向前。与此同时，籽棉被开松、抖动，粘附在籽棉表面的外附杂质在重力、离心力的作用下，通过格条栅摩擦、撞击，从格条栅间隙中排出，排出的杂质在风力及重力作用下进入沉积箱。由于沉积箱容积增大、风速降低，大量的杂质因重力作用而沉降在沉积箱中，一些细小的尘杂则随风通过风机进入沙克龙中，进一步对含尘空气进行除尘，洁净的空气排入大气中。经过清理的籽棉通过阻风阀进入下道工序。

2. 6MZQ-8C(6MZQ-15C)倾斜式籽棉清理机

6MZQ-8C(6MZQ-15C)倾斜式籽棉清理机可以清理含水率不大于12%的手摘棉、人工快采棉和机采棉，主要清理籽棉中的细小杂质，如砂石、灰尘、棉叶、铃壳和小的棉秆等，具有清杂效率高、处理量大、运行平稳、性能可靠等特点。

(1) 主要性能指标：台时处理量 8 000 千克(15 000 千克)，清杂效率 40%～60%，吨籽棉耗电≯1.6 千瓦·时，噪声≯85 兆帕(安)。

(2) 主要部件和配套件的规格和参数：清花刺辊直径 315 毫米，清花刺辊有效长度 2 000 毫米(3 000 毫米)，清花刺辊与格条栅之间间隙 15～18 毫米，配套动力 15 千瓦(22 千瓦)。

(3) 设备主要结构和工作原理：主要由 6 个清花刺钉辊、格条栅、阻风阀、机器侧壁、溜杂槽及传动系统等几部分组成。6MZQ-8C、MZQ-15C 倾斜式籽棉清理机一般需要与卸料器、风机、沙克龙等设备进行配套使用。籽棉在风机负压气流的吸引下，进入卸料器内，然后通过卸料器进入到清花机中，在清花刺钉辊的冲击作用下，籽棉被打击由下至上滚动向前。与此同时，籽棉被开松、抖动，黏附在籽棉表面的外附杂质在重力、离心力的作用下，通过格条栅摩擦、撞击，从格条栅间隙中排出，排出的杂质经排杂绞龙排出机外。经过清理的籽棉通过出棉口进入下道工序。

3. 6MQL-8、6MQL-15 清铃机

6MQL-8、6MQL-15 清铃机是适用机采棉和手工快采棉清理的大型籽棉清理设备，主要清除籽棉中的棉铃、棉壳、棉秆、僵瓣棉、硬杂及尘杂等杂质。集开松、提净和回收三种功能于一体，并在设备内部设有旁通通道，可选择籽棉是否经过该机清理。适用于加工含水率不大于 10%，不含大型特杂的中、长纤维机采棉和手摘棉。

(1) 主要特点：可清除籽棉中的僵瓣棉，改善籽棉的品级。刷棉辊采用全钢结构，避免了设备造成的“三丝”现象。排杂机构调整筒，根据籽棉含杂量，可控制清杂效果。清理后的籽棉适合锯齿钩拉，可提高轧花机产量。籽棉的有效回收可降低衣亏。结构简捷，操作方便，可靠性高。采用全封闭的安全防护罩，密封性好，外形美观，使用安全。耗电量低。

(2) 技术特性：

① 主要性能指标。台时处理量 8 000 千克、15 000 千克，清铃效率不低于 98%，清秆/壳效率不低于 95%，清僵效率≥70%，清杂效率 40%～50%，吨籽棉耗电量 1.3 千瓦·时，噪声不大于 85 兆帕(安)。

② 主要规格与技术参数。滚筒有效宽度 2 000 毫米、3 000 毫米，大刺条辊滚筒直径 670 毫米，刺条辊滚筒直径 450 毫米，两回收辊直径 350 毫米，三个拨棉辊直径 300 毫米，钢丝刷与锯齿滚筒间隙 1～2 毫米，刺条滚筒与除杂棒间隙 10～30 毫米，拨棉辊与齿条辊间隙 1～2 毫米，回收辊与格条栅(一)(二)的间隙为 15～20 毫米，喂花部配套电机 XWDY1. 1-8130-71　1. 1

千瓦，提净部配套电机 Y180L-6 11 千瓦、Y180L-6 15 千瓦。

(3) 工作原理：籽棉经进料口进入后由换向板控制流向。若籽棉不需清理，可向前扳动换向板换向手柄，使籽棉通过清铃机前部而排出清铃机；若籽棉需要清理，可向后扳动换向板换向手柄。

籽棉在重力的作用下均匀落到第一个抛掷输送器上，第一个抛掷输送器将籽棉喂给大齿辊，依附在齿辊表面的籽棉和杂质在锯齿的钩拉下随大齿辊旋转，当碰到阻铃板时，铃壳被挡回原抛掷输送器，抛掷输送器将杂质(包括铃壳、棉秆、棉叶等)和部分籽棉送到机器的一端，在重力作用下掉到第二个抛掷输送器上。第二个抛掷输送器又将籽棉抛喂给大齿辊，一般杂质被反弹回来，籽棉被锯齿钩走，同时，该抛掷输送器又将杂质和少部分籽棉送到机器外。上述第一、第二抛掷输送器的底板冲有圆孔，细小杂质在输送过程中就排到第三个输送器上，大刺辊钩拉的籽棉先遇一钢丝刷被抹紧，杂质则在离心力和排杂棒阻隔作用下脱离齿辊。除铃后的籽棉随齿辊一同旋转，转至刷棉辊处被刷下，之后由一调节挡板控制或排出机外或喂入除棉秆机。

除铃后的籽棉，在重力作用下均匀喂入除棉秆机上的工作辊，一排固定的钢丝刷把籽棉抹在锯齿上。随着工作辊高速旋转杂质产生 20～30 倍于自身重量的离心力，再在三根排杂棒的有效阻隔下脱离工作辊。同时有一部分籽棉也脱离工作辊，在重力作用下喂入第二或第三(回收辊)工作辊，一部分受到较大离心力的杂质直接排入杂质绞龙。干净的籽棉被刷棉辊刷下排出机外。喂入第二工作辊的籽棉，经历的过程同上；喂入第三工作辊的籽棉数已很少，使刷齿能更有效地钩拉籽棉，虽然转速略低一些，但在格条栅网底的作用下，更有效地清除了杂质，所有杂质被绞龙排出机外。第二、第三工作辊上干净的籽棉，被同一个刷棉辊刷下排出机外。

4. 6MHQ-8、6MHQ-15 回收式籽棉清理机

6MHQ-8(6MHQ-15)回收式籽棉清理机在机采棉清理工艺中主要与 6MZQ-8(6MZQ-15)倾斜式籽棉清理机及 6MQL-7(6MQL-15)清铃机配套使用，是一种具有回收功能的籽棉清理设备，主要用于清理籽棉中的中小杂质，如细叶、碎枝秆、铃壳片等。经该机清理后的籽棉，达到了充分开松，为以后轧花工序的顺利进行提供了有利条件。该机具有清杂效率高、处理量大、运行平稳、性能可靠等特点。

该机可以清理含水率不大于 12%的手摘棉、人工快采棉和机采棉。设有新型的排杂网结构，清杂效果好，并设有回收装置，对清理后杂质中的单粒籽棉具有回收功能，减少籽棉加工中的落棉现象，减少衣亏损失。使用同步齿形带，传动可靠，减少设备的堵塞现象。

(1) 主要规格及技术参数：清花刺辊直径 350 毫米，回收锯条辊直径 450 毫米，拨棉辊直径 400 毫米，回收刺辊直径 350 毫米，有效工作宽度 2 000 毫米(3 000 毫米)，清花刺辊与排杂网之间间隙 15～18 毫米，回收锯条辊与格条栅之间间隙 15～18 毫米，回收锯条辊与拨棉辊之间间隙 1～2 毫米，拨棉辊与回收刺辊之间间隙 11 毫米，钢丝刷与回收锯条辊之间间隙 0～3 毫米，配用动力 Y180L-6 15 千瓦(Y200L2-6 22 千瓦)。

(2) 主要性能指标：台时处理量 8 000 千克(15 000 千克)，清杂效率 40%～60%，吨籽棉耗电≯1.8 千瓦・时，噪声≯85 兆帕(安)。

(3) 主要结构及工作原理：

① 主要结构。由清理部、回收部及传动系统等部分组成。清理部主要由6个清花刺辊、排杂网、溜杂槽等部分组成，回收部主要由回收锯条辊、拨棉辊、回收刺辊、钢丝刷、格条栅和排杂绞龙组合等部分组成。

② 工作原理。进入6MHZQ-8(6MHZQ-15)回收式籽棉清理机的籽棉，在重力作用下，首先喂给清花刺钉辊，在清花刺钉辊的冲击作用下，籽棉被打击抛掷，由上向下运动进入刺钉辊与排杂网之间，受刺钉连续不断的打击，籽棉沿排杂网面由下向上滚动，在此过程中，籽棉被开松、抖动，大部分干净的籽棉沿排杂网面向上运动，经清理机出口排出机外，进入下一道工序。大部分杂质则穿过排杂网进入溜杂斗内。为了提高清杂效率，采取了大排大清的结构设计，因而在排除杂质的过程中，一部分单粒籽棉也一同被排落。为此在设备下部设置了回收单粒籽棉的结构。混有单粒籽棉的杂质顺溜杂槽滑落至回收锯条辊与钢丝刷之间。由于钢丝刷的挤压，使单粒籽棉与杂质的混合物附着在回收锯条辊的锯齿上，回收锯条辊的高速旋转，使杂质产生离心力，受格条栅的有效阻隔进入排杂绞龙，经绞龙排出机外。籽棉受锯齿钩拉，被送至拨棉辊，在拨棉辊的刮拨及气流作用下，送给回收刺钉辊进行回收，回收的籽棉经过回收通道与原籽棉流混合在一起进行清理。清理干净的籽棉经清理机出口排出机外，进入下道工序的加工。

5. 6MY98-17(6MY168-17)智能轧花机

6MY98-17(6MY168-17)(图7-16)智能轧花机适用于加工纤维长度23～33毫米、含水率不大于10%，并经过初步清理的籽棉。在加工标准级籽棉时性能达到以下指标：台时皮棉产量

980～1 150 千克(1 680～2 000 千克),吨皮棉耗电不大于 35 千瓦时,噪声不大于 85 兆帕(安)。

(1) 主要技术参数:锯片片数 98 片(168 片),锯片片距 17 毫米,锯片直径 320 毫米,总装机容量 42.3 千瓦(83.1 千瓦)。

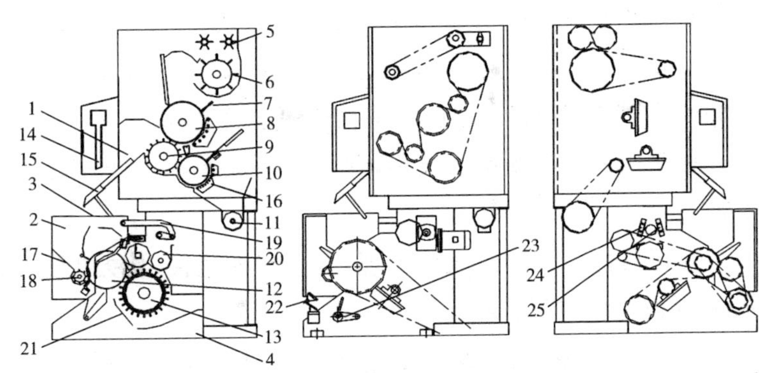

图 7-16　6MY98-17(6MY168-17)智能轧花机

1. 清花喂花部　2. 前厢　3. 中厢　4. 后厢(机架部)　5. 喂花辊　6. 开松辊　7. 钢丝刷　8. 大齿条辊　9. 小毛刷滚筒　10. 回收齿条辊　11. 排杂绞龙　12. 锯片滚筒　13. 毛刷滚筒　14. 除尘管　15. 淌棉板　16. 格条栅　17. 导流板　18. 拨棉刺辊　19. 开箱机构　20. 刮板绞龙机构　21. 下排杂调节板　22. 刹车机构　23. 工作箱调整机构　24. 开箱行程开关　25. 合箱行程开关

(2) 主要特点:

① 设备自动化程度高,可实现智能控制。喂花为变频无级调速,并且通过电机驱动,实现了自动开合箱,减轻了操作者的劳动强度。触摸屏式操作,采用 PLC 控制,以工业级人机界面替代了以往的操作按钮,可根据籽棉的品级、回潮率和含杂率自动生成最佳加工工艺,实现了智能控制,实现人机对话。

② 上部设有清花喂花装置,清杂效果好,喂料更均匀。

③ 关键部件通用性高。采用与剥绒通用的320毫米的锯片;合理的工作厢几何形状设计,采用新型的不锈钢材料;电镀轧花肋条,使棉卷运转更好,确保产量、质量。

④ 设备衣亏小,对籽棉水分适应性强。能保持较小的棉籽毛头率,而且前厢不掉小花头,减少了衣分的亏损。在加工回潮率为6.5%~8%的籽棉时,能保证质量和产量;在加工回潮率8%~10%的籽棉时,仍能维持正常的连续生产。

⑤ 采用刮板绞龙排杂结构,保证排杂效果,提高皮棉加工质量。

⑥ 可靠性高。结构设计合理,保护措施完善,动力配备恰当,确保设备稳定可靠地运行。

(3) 工作原理:储棉箱内的籽棉经一对喂花辊定量地运送到开松辊上,籽棉在开松辊及排杂网的双重作用下,被打击、抖动、摩擦、旋滚,大量的细小杂质及不孕籽被清除。开松后的籽棉被开松辊抛至大锯条辊上,籽棉随大锯条辊一起向前旋转,当经过钢丝刷时,钢丝刷将籽棉刷附在锯齿上,重杂物及僵瓣棉被暴露在锯条辊表面。由于重杂物及僵瓣棉表面光滑,不易被钩拉,且重量较大,当运行过钢丝刷后,在离心力和钢丝刷的作用下,大部分重杂物及僵瓣棉被清除。没被清除的重杂物及僵瓣棉与籽棉一同随大锯条辊运行至格条栅时,被冲击抖动,缠裹在籽棉中的重杂物及僵瓣棉被清除。清理后的籽棉被刷棉辊刷落在淌棉板上;被清除出的重杂物、僵瓣棉和少量的籽棉落到回收锯条辊上,籽棉被回收辊回收后经刷棉辊刷落到淌棉板上,重杂物及僵瓣棉被排入排杂绞龙排出机外。落在淌棉板上的籽棉,通过磁铁夹时,籽棉中铁性杂质被清除,蓬松的籽棉从淌棉板上流下进入轧花部。同时在淌棉板的上方设有除尘管,将飞绒及细小尘杂清除。

6. 6MPQ400-1500(2000C、2800)皮棉清理机

6MPQ400-1500(2000C、2800)皮棉清理机可与6MY88-17轧花机、6MY98-17轧花机、6MY128-17轧花机、6MY168-17轧花机配套使用,主要由以下四部分组成,即集棉部分、给棉部分、清棉部分、刷棉部分(图7-17)。

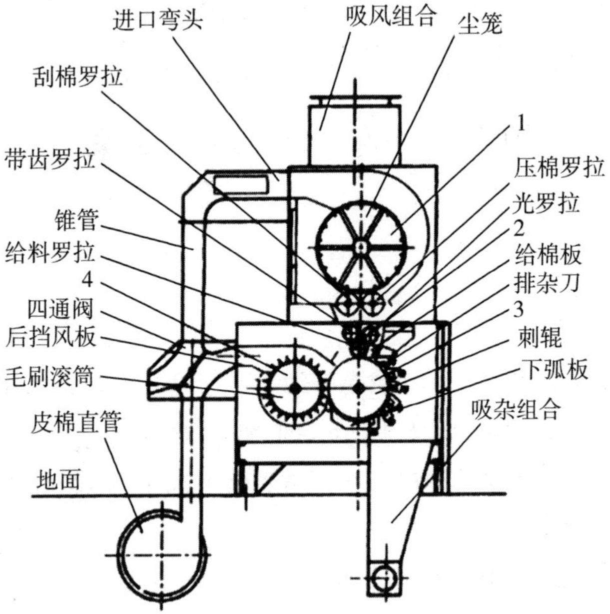

图7-17　6MPQ400-1500皮棉清理机

1. 集棉部分　2. 给棉部分　3. 清棉部分　4. 刷棉部分

(1) 主要特点:该机为可控棉胎锯齿式大型皮棉清理机(简称皮清机),能耗小,清杂效率高,纤维损耗低。采用坚固的自锁齿条,使用寿命长,维修方便,六把排杂刀,清杂效果好。具有棉胎厚度自动检测装置,能防止故障蔓延扩大,损坏机件。

机架采用积木式结构，维修方便。

6MPQ400-2800 皮棉清理机采用电器控制系统，清理电机采用软起动器平滑起动，解决了大型皮棉清理机起动难问题，可避免轴头的损伤，减轻皮带的磨损。

（2）主要技术指标：

① 台时产量见表 7-2。

表 7-2　6MPQ400-1500(2000C、2800)皮棉清理机台时产量表

加工皮棉	含水率（%）	1500 型台时产量（千克）	2000C 型台时产量（千克）	2800 型台时产量（千克）
327	9～10	800～700	1 000～850	1 700～1 300
	8～9	900～800	1 200～1 000	2 000～1 700
	7～8	1 200～900	1 600～1 200	2 200～2 000
	≤7	1 350～1 200	1 800～1 600	2 400～2 200

② 清杂效率。清前含杂率为 1.2%～1.5%时，清杂效率不小于 30%。清前含杂率大于 1.5%时，清杂效率不小于 40%。

③ 棉纤维损耗率。1～3 级皮棉不大于 1.2%，4～6 级皮棉不大于 1.6%。

④ 耗电。清理吨皮棉耗电不大于 15 千瓦时。

⑤ 噪声。空载噪声不大于 85 兆帕(安)。

（3）工作原理：皮棉在轧花机毛刷气流的吹送及皮棉清理机尘笼引风的吸引下，通过四通阀、锥管和进口弯头进入皮棉清理机的集棉部分，并被吸附在尘笼表面。含尘空气进入尘笼内部并从尘笼两侧排出，经引风组合、风机排入除尘装置。皮棉随尘笼旋转，被压棉罗拉压紧，并由刮棉罗拉刮剥下来喂给给棉部分。由于代齿罗拉和光罗拉线速较高，棉层被牵伸变薄,并喂给给棉罗拉和给棉板。棉层在给棉罗拉和给棉板的共同握持下,变得更薄,并在握持状态下,均匀地被刺辊钩拉梳理。被钩持的纤维随刺辊做高速旋转运动。由于不孕籽、籽屑等大颗粒疵点较重,在惯性离心力的作用下移至刺辊表面,悬附在刺辊气流圈的外层,被排杂刀冲击切割,沿刀的表面排出,落入排杂箱。被刺辊钩拉的纤维被毛刷刷入皮棉道,送至总集棉。如果皮棉不需经皮棉清理机清理,则皮棉可以通过五通阀,皮棉道直管,直接被送到总集棉。

7. 6MDY400 液压棉花打包机

6MDY400 液压棉花打包机与大型棉机成套设备配套使用,具有吨位高、棉包密度大、自动化程度高、性能稳定、刚性与稳定性好、安全可靠、操作简单、维护方便等特点。

(1) 技术规格及主要参数:公称力 4 000 千牛,包装尺寸 1 400毫米×530 毫米×700 毫米,包重 227 千克±10 千克,压缩高度 485～500 毫米,台时产量不小于 4 500 千克,整机功率 84.2 千瓦,整机重量约 58 吨。

(2) 工作原理:当物料(皮棉、化纤等)由管道进入推棉器中,推棉油缸带动推棉板将物料推入包箱中。由于推棉板做往复运动,使物料不断进入推棉器并送入包箱中。垂直安装的踩压缸与推棉器协调地做往复动作,将不断进入包箱的物料进行预压缩。待包箱中的物料达到预定的重量后自动停止踩压和推棉。定位缸将定位销拔下,提箱油缸将包箱总成及转盘提起,转箱油缸带动齿条驱动装在中心柱上的齿轮做 180°往复转动,以带动转盘及包箱总成转动,使装满物料的包箱处在主压位置,转箱到位后定位销锁住包箱,踩压缸、推棉器自动继续工作。钩棉缸将钩持器从包箱中脱开,主压缸下行将物料压缩成包。到达成包位置后，顶箱缸上顶包箱使包箱沿导向柱上移露出物料，以便人工穿丝捆扎。捆扎完毕，按下装在立柱上的按钮，翻包缸将包自动翻出。铺好包布后，按下按钮，主油缸回程，包箱下落复位，等待下一循环。

该机电气系统采用PLC控制，与液压系统有机地结合起来，自动地完成打包、脱箱、喂棉、踩压、提箱转箱、定位、翻包、冷却等动作。该机使用提前脱箱设计，节省了打包和脱箱作用力。

(3) 辅机部分：包括接包小车、推包机、电子秤、输送机、转包架等。与主机协调工作，提高了生产效率和打包机的自动化程度，减轻了工人的劳动强度。

(4) 主要特点：

① 采用程序控制，在使用普通包箱结构情况下，实现了节省主压力和降低液压系统高负荷的要求，提高了设备的可靠性。

② 可实现转箱的“零”冲击。在结构中增设了缓冲缸，避免了转箱到位后的猛烈撞击，增加了整机的稳定性，避免了机件损坏，改善了操作环境。

③ 实现包箱的“零”变形。采用整体包箱结构，刚性及稳定性好，带负荷工作时，包箱变形量接近于零，从而使得包型美观。

④ 自动化程度高，操作程序简单。除穿丝、铺包布外，打包人员只需按两次装在打包机立柱上的按钮，其他过程均可自动完成。

⑤ 采用电接点耐震压力表计量包重，使计量更准确。

⑥ 踩压和推棉均采用液压驱动，通过 PLC 程序对接近开关和液压系统的控制来改变踩压和推棉速度，并使之协调动作。针对动作频繁、速度快的要求，液压缸采用新型、先进、可靠的独特的密封圈，保证了使用寿命和运行平稳。

⑦ 液压系统结构紧凑，整齐美观，占地面积小，并设有冷却

系统。踩压和推棉采用一个电机驱动，降低能耗，节约加工成本。液压泵采用目前国内最先进的斜轴泵，其具有压力高、噪声低、抗冲击、可靠性高等特点，从而确保了该机的可靠性。

⑧ 采用触摸屏操作，PLC 程序控制，并设有复位功能、报警画面，降低了操作水平，真正实现了人机友好对话。

⑨ 使用质量稳定可靠的接近开关替代行程开关，使系统检测准确，增长了使用寿命。

⑩ 电气控制模板留有多个接口，以便于加工控制程序升级，使加工生产线协调工作。

（三）典型棉花加工成套设备主要性能指标

4-6MY98-17 中型轧花成套各单机主要性能指标见表 7-3。

表 7-3　　中型轧花成套各单机主要性能指标

序号	名称	型　号	动力配备（千瓦）	生产率（千克/台时）	特　点
1	锯齿轧花机	6MY98-17	35.3	980～1150	自动喂料、开合箱、控制棉卷密度
2	皮棉清理机	6MPQ400-2000C	19	800～1800	塞车自动停机、六把排杂刀、拼板结构
3	籽棉清理机	6MZQ7	15.2	7 000	具有清软特杂、清僵、清细小杂功能
4	集棉机	6MJM140A	2.8	3 000	
5	锯齿剥绒机	MR160-10	20.5	头道>4 000 二道 800～1 000 三道 1 000～1 200	自动开合箱、全封闭
6	液压打包机	6MDY400	87.5	4 500	国际标准包型

3-6MY168-17 大型轧花成套各单机主要性能指标见表7-4。

表 7-4　大型轧花成套各单机主要性能指标

序号	名称	型　号	动力配备（千瓦）	生产率（千克/台时）	特　点
1	锯齿轧花机	6MY168-17	83.1	1 680～2 000	自动喂料、开合箱、控制棉卷密度
2	皮棉清理机	6MPQ400-2800	19	1 120～2 500	塞车自动停机、六把排杂刀、拼板结构
3	籽棉清理机	6MZQ-15 倾斜式 6MHZQ-15 回收式 6MQL-15 清铃机	22 22 22.5	15 000	清铃、清僵、清细小杂功能
4	集棉机	6MJM160	2.8	4 500	
5	锯齿剥绒机	MR160-10	20.5	头道 3 500～4 500 二道 1 000～1 200 三道 900～1 100	自动开合箱、全封闭
6	液压打包机	6MDY400	87.5	4 500	国际标准包型

四、其他清花设备

（一）江苏大丰清花设备

大丰市供销机械厂有限公司生产的清理加工设备主要有MQZ-8 型籽棉清理机、MQZ-5 型籽棉清理机、MQHG-2700 型籽棉清理机、MQHQ-2700 型气流式滚筒清理机等几种。

1. MQZ-8 型籽棉清理机

MQZ-8 型籽棉清理机由喂料部、清理部、回收部、排杂部、支架部、动力传动系统等组成。

籽棉由气流输送，经籽棉卸料系统与气流分离（籽棉也可由提净式喂料输送机提至清理机顶部），进入喂料部（喂料部由入棉口、喂料辊、软特杂回收辊组成）入棉口，由喂料辊均匀喂给，经软特杂回收辊并清除软特杂质（如绳索、布包、麻片等）后，进入清理部（清理部由锯片辊、齿钉辊组成）。由于清理部锯片辊筒与齿钉辊筒的旋转方向不同，具有相对运动的速度差，籽棉介入两者之间形成籽棉道，籽棉在籽棉道被传送的过程中，得到充分的开松、打击和抖动，杂质、僵瓣及少量的籽棉沿底板顺着锯片间隙落入底板。蓬松的籽棉经卸料口排出机外。回收部由钢丝刷、U 形齿条辊、中间回收辊、上回收辊、格条栅、排杂调节板、外弧板、中间隔板等组成。回收的籽棉被上回收辊送回籽棉道。杂质、僵瓣由排杂部筛拣后，由绞龙排出机外。

MQZ-8 型籽棉清理机台时处理量不低于 8 000 千克，锯片片距 16 毫米，锯片辊与锯片辊之间最小间距为 5 毫米，锯片辊筒与齿钉辊筒之间的最小间距为 9 毫米，齿钉辊筒与齿钉辊筒之间最小间距为 14 毫米，中间回收辊与上回收辊之间的间距为 17 毫米，U 形齿条辊与中间回收辊之间的间距为 5 毫米，U 形齿条辊与排杂调节板之间参考间距为 10 毫米，U 形齿条辊与钢丝刷的调节距离为 0～5 毫米，U 形齿条辊与排杂调节板之间的参考距离为 5 毫米，外弧板、中间隔板与中间回收辊间距为 10.5 毫米，边缘弧板、中间隔板与上回收辊间距为 12 毫米。

2. MQZ-5 型籽棉清理机

MQZ-5 型籽棉清理机主要由喂棉口、机架、清花滚筒、排杂网、出棉口等部分组成。

籽棉经喂棉口喂入后，被第一个清花滚筒齿钉钩拉，进入清花滚筒与排杂网之间，在滚筒高速旋转和齿钉的冲击下，籽棉滚动碰撞、松解、蓬松，同时棉纤维中的尘杂被迫分离。在清花滚筒离心力的作用下，杂质从排杂网孔中排出，经淌杂板进入绞龙排杂道。籽棉又被下一清花滚筒的齿钉所钩拉，再一次重复清理过程，经第四个清花滚筒清理后的籽棉抛出后落在出棉口的淌板上，完成了整个清理过程。

此清花机有 4 个齿钉滚筒，滚筒直径为 466 毫米，滚筒（包括齿钉）表面线速度为 8.3～8.7 米/秒，滚筒与滚筒之间的间距为 10 毫米，齿钉滚筒与排杂网间距为 18～22 毫米，台时处理量为 4 500～5 000 千克。

3. MQHG-2700 型籽棉清理机

MQHG-2700 型籽棉清理机由喂料口、回收部、排杂部、支架、动力传动系统等组成。

籽棉由气流输送，经籽棉卸料器系统与气流分离，进入喂料口，在齿钉滚筒的高速旋转和自身重力的作用下，籽棉落到最下面的齿钉滚筒并被送往筛网表面。齿钉深入籽棉团内部，钩拉、打击籽棉团，使籽棉团内部联结力受到破坏而疏松。籽棉团在筛网表面揉搓边沿筛网向上运动，籽棉中的杂质被不断地筛分出去。接着籽棉被最下面一个齿钉滚筒抛给上面一个齿钉滚筒，重复上述动作，又被抛给再上面的一个齿钉滚筒，直至运动到最上面一个齿钉滚筒的筛网端面时，就沿切线方向抛出，依靠自重从卸料口排出机外。落入底板的杂质、僵瓣及少量的籽棉沿底板滑到钢丝刷上，落下的籽棉被回收部回收。回收的籽棉被上回收辊送回籽棉道。杂质、僵瓣由排杂部筛拣后，由绞龙排出机外。

本机有 6 个齿钉滚筒，直径为 400 毫米，配用 15 千瓦的电机，齿钉滚筒与筛网之间的间距为 15 毫米，齿钉滚筒与齿钉滚筒之间的间距为 20 毫米，U 形齿条辊与中间回收辊之间的间距为 4.5 毫米，中间回收辊与上回收辊之间的间距为 5 毫米。

MQHG-2700 型籽棉清理机采用 6 个齿钉滚筒，使籽棉不断地受到冲击得到充分的开松，清杂效果非常好。由于未采用锯片滚筒，避免了因锯片滚筒表面线速度选择不当，损伤纤维和棉籽，产生棉结、索丝等疵点；在设计中增设了多处观察窗，用户可随时观察各个滚筒的运行情况；喂料口在本机的位置比较高，可充分发挥清理机的清杂效果。

4. MQHQ-2700 型气流式滚筒清理机

MQHQ-2700 型气流式滚筒清理机与上面几种清理机原理基本相同，也是齿钉滚筒利用齿钉深入籽棉团内部，打击、开松籽棉与排杂栅配合，达到籽棉与尘杂的分离。最大的区别是采用了气流使整个设备内部处于负压状态，从而使尘杂与籽棉分离。优点是当尘杂与籽棉一分离立即会被吸走，减少了空气中的粉尘，改善了工人的劳动环境。

以上 4 种清理机各有各的优点，它们都是与轧花设备配套用于籽棉清理的主要辅机，能清除籽棉中非纤维性杂质和死僵瓣棉以及不孕籽、绳、布等软特杂，对减少机件的磨损、提高皮棉质量、避免火灾事故的发生、减少落棉损失，特别是加工低级棉时起到极为重要的作用。经清理后的籽棉，可得到充分的开松，为下道轧花工序的顺利进行提供了有利条件。

（二）郑州棉机所设备

1. MGG-A 型脉冲—叶片辊式成套籽棉干燥设备

MGG-A 型籽棉干燥设备为脉冲—叶片辊式，是适用于手摘棉加工工艺、机采棉加工工艺最新型的籽棉干燥设备。采用叶片辊抛打籽棉，同时热空气气流垂直穿透籽棉，使其与热空气充分接触的原理，提高烘干效率，降低烘干机的风运阻力及能耗。能与各种热源配套使用，操作简便，升温快，保温性能好，换热效率高。棉花不与明火接触，安全可靠，不污染棉花，烘干效率高等。

（1）主要技术参数和配套设备参数：

① 台时处理籽棉量 3～15 吨。MGG-6A 台时处理籽棉 6 吨，MGG-12A 台时处理籽棉 12 吨。

② 风温 30～140℃。

③ 风速 1 米/秒。

④ 整机重量 5～7 吨。

⑤ 烘干主机外形尺寸(2 800～3 800)毫米×1 780 毫米×5 410毫米。

⑥ 热源参数。热量配置 83 万～334 万千焦/小时。燃煤热风炉（烟道分离式）型号 HLF20～HLF80。导热油炉型号 HPS094-20～HPS094-80，配置热交换器数量 3～6 片（型号 SXL12×9）。燃油(或气)热风炉型号 MRL20-Ⅰ～MRL80-Ⅰ。蒸汽锅炉型号(蒸汽量)1～2 吨/小时，配置热交换器数量 3～6 片(型号 SXL12×9)。籽棉控制箱参数：产量(与主机配套)3～15 吨/小时。供热风机型号，烟道分离式燃煤热风炉 4－72 №8C，电机功率 7.5～22.0 千瓦；链条炉排燃煤热风炉 4－72 №8C，电机功率 7.5～22.0 千瓦。烟道风机型号，烟道分离式燃煤热风炉 Y5-47

№4C～Y5-47 №5C,电机功率 4.0～7.5千瓦;链条炉排燃煤热风炉引风机 Y5-47 №4C～Y5-47 №5C,电机功率 4.0～7.5 千瓦;炉排鼓风机 4－72－12№2.8A,电机功率 1.5～2.2 千瓦。内吸棉风机型号(用户需自备)5-29 №6.5C～5-29 №8.5C,或 6-30 №9C,电机功率 18.5～75.0 千瓦。

(2) 主要结构及工作原理:MGG-A 型籽棉干燥机由叶片辊干燥塔、籽棉控制箱、烘干供热系统及连接管道组成。籽棉从货场经气力输送管路送至籽棉控制箱进料口,由分离器经籽棉控制箱出料口卸料后,与供热系统的热空气混合进入烘干管路,然后从叶片辊干燥塔顶部入口进入塔体内,塔内的多个叶片辊对籽棉不断地进行多次抛打,使热空气充分穿透籽棉得到充分干燥。干燥后的籽棉通过塔体下部出口进入原工艺中的分离器,使籽棉与热空气分离后,进入籽棉清理机,废热空气通过除尘器净化排出,从而完成全部干燥过程。

该干燥机接入籽棉输送主管路后,分为两个分路:当籽棉比较干燥、不需要烘干时,可不通过烘干机,直接进入原工艺中清理机上部分离器;籽棉潮湿、需要烘干时,经过本烘干系统完成烘干过程后,再进入原工艺中清理机上部分离器。整个系统设计合理,为轧花厂提供了非常便利的使用条件,符合我国目前的实际情况。另外,籽棉含水率不同时,要求除水率不同,可通过调节供热装置的供热量改变风温来完成。

2. MGZ-B 型脉冲—搁板增热式籽棉干燥机

MGZ-B 型籽棉干燥机是脉冲＋搁板(含有增热、保温搁层)组合式籽棉干燥设备,适用于手摘棉、人工快采棉及机采棉加工工艺。该机保留了原脉冲—搁板式籽棉干燥机中的脉冲干燥技术,在干燥机的搁板层之间又增加了增热保温系统,使干燥塔体不降温，弥补了原搁板烘干设备之不足。该机采用先进的热源技术，且能和多种热源配套使用，具有操作简便、升温快、保温性能好、换热效率高、棉花不与明火接触、安全可靠、不污染棉花等特点，一次除水率高。减少了棉花在设备内的循环时间，从而减小了风运阻力，降低了能耗。

（1）主要技术参数和配套设备参数：

① 台时处理籽棉量 3～15 吨。MGZ-6B 台时处理籽棉 6 吨，MGZ-12B 台时处理籽棉 12 吨。

② 风温 30～140℃。

③ 风速≥12 米/秒。

④ 重量 3.8～7.8 吨。

⑤ 烘干主机外形尺寸(2 400～2 800)毫米×(626～1 326)毫米×6 430 毫米。

⑥ 热源参数。热量配置 83 万～334 万千焦/小时；燃煤热风炉（烟道分离式）型号 HLF20～HLF80；导热油炉型号 HPS094-20～HPS094-80，配置热交换器数量 3～6 片（型号 SXL12×9）；燃油（或气）热风炉型号 MRL20-Ⅰ～MRL80-Ⅰ；蒸汽锅炉型号（蒸汽量）1～2 吨/小时，配置热交换器数量 3～6 片（型号 SXL12×9）；籽棉控制箱参数，产量（与主机配套）3～15 吨/小时；供热风机型号 Y5-48 №6.3C，电机功率 5.5～2.2 千瓦；保温风机型号 Y5-47 №4C～Y5-47 №5C，电机功率 3.0～7.5 千瓦；内吸棉风机型号（用户需自备）5-29 №6.5C～5-29 №8 或 6-30 №9C，电机功率 18.5～75.0 千瓦。

（2）主要结构及工作原理：MGZ-B 型籽棉干燥机由烘干主机（干燥塔）、脉冲干燥器、籽棉控制箱、供热系统、保温系统、供热风机、保温风机以及连接管道组成。

籽棉从货场经气力输送管路送至籽棉控制箱上部籽棉分离器进料口，经籽棉控制箱下部闭风阀出料口卸料后，与供热系统的热空气混合进入烘干管路，先经脉冲干燥器，然后从干燥塔顶部入口进入塔体内，塔内的烘干搁板及保温搁板使籽棉得到充分干燥。干燥后的籽棉通过塔体下部出棉口进入原工艺中的清理机上部籽棉分离器，籽棉与热空气分离后进入清理机，废热空气通过除尘器净化后排出，从而完成全部烘干过程。

热空气和籽棉在干燥塔内流动的过程中，要消耗一部分热量，温度随之下降，下降到一定程度时，会影响烘干效果。保温系统的热空气流向正好和籽棉的流向相反，是从塔体的下部进入塔内，自下而上流动，正好弥补塔体内自上而下烘干温度逐步降低之不足，使塔体内温度保持基本恒定，从而保证高的烘干效果。

该干燥机接入籽棉输送主管路后，分为两个分路：当不需要烘干时，籽棉可不通过干燥机，直接进入原工艺中清理机上部籽棉分离器；需要烘干时，籽棉经过本烘干系统完成烘干过程后，再进入原工艺中清理机上部籽棉分离器。另外，不同回潮率的籽棉，要求除水率不同，可通过调节供热装置的供热量改变风温来完成。

3. MJPH-1400B 型滑道式皮棉加湿机

由郑州棉麻工程技术设计研究所研制生产的 MJPH-1400B 型滑道式皮棉加湿机，用于对加工后含水率过低的棉纤维进行回潮加湿，使其达到国家标准要求的范围，与国际棉花交易的标准要求接轨。该设备是适应我国现代棉花加工工艺配置和棉花质量检验体制改革选用的配套设备之一。

皮棉含水率过低，在打包时使能耗增大，生产率降低，棉包的压缩密度达不到要求，造成棉包的“崩包”现象严重，给棉花的流通、运输及保管造成不便；同时，由于皮棉过于干燥，使纤维表面静电增大，也造成极大的安全隐患。皮棉加湿技术的推广应用对提高棉花加工工艺的技术水平有着十分积极的促进作用，有益于棉花加工企业降低生产成本、提高经济效益。

（1）工作条件和工作环境：该设备主要分为滑道式皮棉加湿器、电控部分、直燃式燃油（或燃气）热风炉、雾化系统等部分。滑道式皮棉加湿器安装在棉花加工生产线上集棉机和打包机之间，雾化系统与电控部分、燃油（或燃气）热风炉共同组装在一底架上，与滑道式皮棉加湿器两者之间用加湿风机（风机放在滑道式皮棉加湿器下面）和保温管道连接，要求用户把加湿主机安装在专为其设计的、密闭干净的房间（即加湿主机房）内。

MJPH-1400B型滑道式皮棉加湿机适用的供电电压为三相380伏±10%，频率为50赫±5%；适用于−15～40℃的工作环境温度；水源为自来水或专用水箱供水，水质符合一般工业用水标准；要求加湿主机房内空气流畅和干净。雾化系统喷水塔内的水必须每班更换一次，保持水洁净无污染，防止污染棉花。必须注意的是，在冬季使用要防止供水系统冻结（图7-18）。

（2）主要参数：台时加湿皮棉4 000～4 500千克，加湿量2%～4%，加湿后皮棉含水率达到国际标准。装机容量12千瓦。

（3）主要设备、部件及工艺布局：滑道式皮棉加湿器、加湿主机[即燃油（或燃气）热风炉、电控部分、雾化系统的组合]、加湿风机、排风轴流风机。

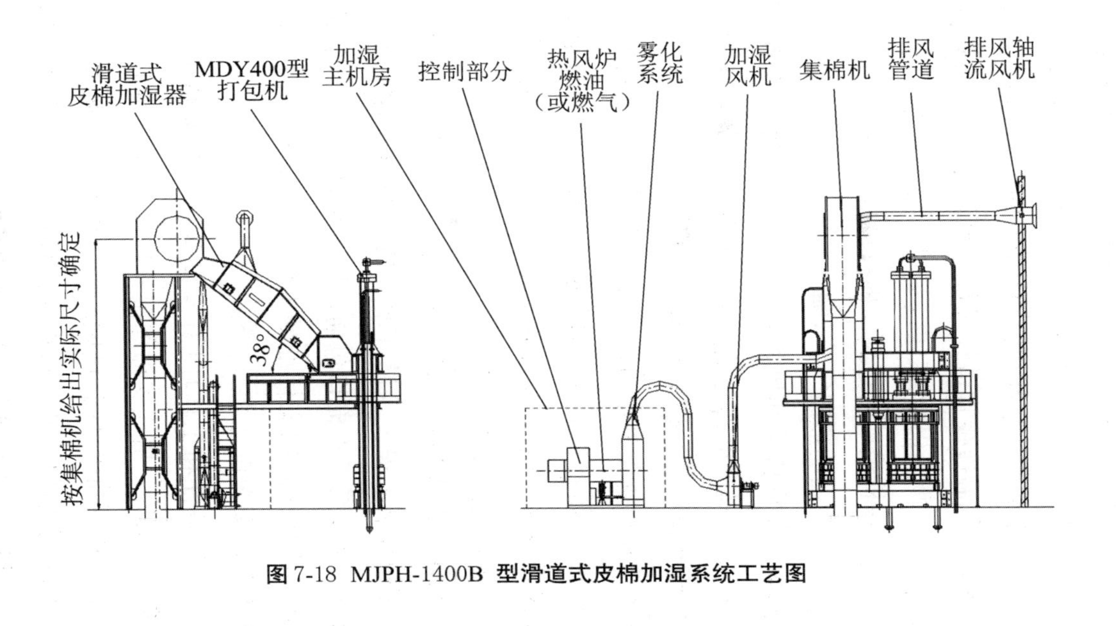

图 7-18 MJPH-1400B 型滑道式皮棉加湿系统工艺图

（4）设备系统说明：外部空气在加湿风机的作用下，首先被吸送到热风炉内；柴油（或天然气、液化气）经热风炉燃烧器加压（雾化）燃烧从而把空气加热；然后热空气进入雾化系统的喷水塔内，通过雾化水的喷淋，转化成需要的高温高湿气流；高温高湿气流通过保温连接管道经过加湿风机后，又被吹送到滑道式皮棉加湿器（即皮棉滑道）内，穿过下滑的皮棉层把皮棉加湿。加湿后的皮棉最后被送到皮棉打包机中，进行打包。

为了得到合适的热湿气流，除了改变燃烧器的喷油嘴大小外，喷水塔的水泵和循环风机也都采用了先进的变频调速技术。同时，为了提高电器自动控制系统的运行可靠性和自动化程度，控制部分采用了 PLC 可编程控制技术。

滑道式皮棉加湿器出口的残余热湿空气，又通过滑道上面设置的通道，把滑道顶部保温，以防止凝水，然后经管道通过排风轴流风机排入大气（或通过管道输送到集棉机的出棉口顶部进行预加湿），提高能源的利用率。

4. MJPT-A 型塔式皮棉加湿系统

由郑州棉麻工程技术设计研究所研制的 MJPT-A 型塔式皮棉加湿系统，用于皮棉打包前对回潮率低于 6.5%的棉纤维进行加湿，使其达到国家标准要求的范围，是棉花质量检验体制改革推荐的配套设备之一。

（1）工作条件和工作环境：该设备主要分为热风炉、雾化器、皮棉加湿塔等。塔式皮棉加湿机安装在棉花加工生产线上皮棉清理机和集棉机之间，热风炉产生的热空气通入雾化器后将水雾化，在皮棉加湿塔内与皮棉清理机输送过来的皮棉混合完成加湿过程，出皮棉加湿塔后到集棉机。

MJPT-A 型塔式皮棉加湿系统适用的供电电压为三相 380

伏±10%，频率为50赫±5%；适用于－15～40℃的工作环境温度；水源为自来水或专用水箱供水，水质符合一般工业用水标准；要求进入热风炉的空气洁净。雾化器内的水必须每班更换一次，保持水干净无污染，防止污染棉花。

规格型号及主要参数见表7-5。

表7-5　　MJPT-A型塔式皮棉加湿机规格参数

型　号	台时加湿皮棉（吨）	加湿量（%）	加湿后皮棉回潮率（%）	装机容量（千瓦）
MJPT-2A	2	2～4	达到6.5～8.5	25.5
MJPT-3A	3	2～4	达到6.5～8.5	29.5
MJPT-4A	4	2～4	达到6.5～8.5	36.5
MJPT-5A	5	2～4	达到6.5～8.5	36.5

（2）主要设备、部件及工艺布局：塔式皮棉加湿机含热风炉、雾化器、皮棉加湿塔等，还需配套热风炉鼓风机、引烟风机。

工艺布局应合理，与原工艺衔接时有切换阀门控制是否加湿。

（3）工作原理：利用棉纤维的吸湿性能和空气容纳水分的能力进行皮棉加湿。以空气为介质，先对空气进行加热，外部空气在热风炉鼓风机的作用下，首先被吹送到热风炉内被加热变成热空气；然后热空气进入雾化器内，在雾化水的喷淋下，转化成需要的高温高湿气流；高温高湿气流通过保温连接管道送到皮棉加湿塔，与皮棉清理机过来的皮棉混合，在热湿空气与棉纤维之间形成一个温度差、湿度差和压强差，迫使棉纤维吸收热湿气流的水分子转化成吸收水，达到皮棉加湿的目的。

5. MJZT-A 型塔式籽棉加湿机

郑州棉麻工程技术设计研究所研制的 MJZT-A 型塔式籽棉加湿机，用于对回潮率低于 6.5%的籽棉进行加湿预处理，增加棉纤维的强力，减少棉纤维被锯齿轧花机锯片钩拉时产生断裂的概率，降低短纤维含量。该设备适应我国气候干燥棉区和棉花加工生产线上籽棉烘干后回潮率过低时使用，是棉花质量检验体制改革推荐的配套设备之一。

(1) 工作条件和工作环境：该设备主要分为热风炉、雾化器、籽棉控制箱、塔式籽棉加湿机、籽棉分离器等。塔式籽棉加湿机安装在轧花生产线上籽棉清理机和轧花机之间，热风炉产生的热空气通入雾化器后将水雾化，经籽棉控制箱与籽棉清理机输送来的籽棉混合后进入塔式籽棉加湿机，出籽棉加湿机后到籽棉分离器与空气分开进入轧花机。MJZT-A 型塔式籽棉加湿机适用的供电电压为三相 380 伏±10%，频率为 50 赫±5%；适用于－15～40℃的工作环境温度；水源为自来水或专用水箱供水，水质符合一般工业用水标准；要求进入热风炉的空气洁净。雾化器内的水必须每班更换一次，保持水干净无污染，防止污染棉花。规格型号及主要参数见表 7-6。

表 7-6　MJZT-A 型塔式籽棉加湿系统规格参数

型号	台时加湿籽棉（吨）	加湿量（%）	加湿后籽棉回潮率（%）	装机容量（千瓦）
MJZT-6A	6	2～4	达到 6.5～8.5	70.1
MJZT-8A	8	2～4	达到 6.5～8.5	74.1
MJZT-12A	12	2～4	达到 6.5～8.5	88.5
MJZT-15A	15	2～4	达到 6.5～8.5	92.7

（2）主要设备、部件及工艺布局：塔式籽棉加湿机含热风炉、雾化器、籽棉控制箱、籽棉加湿塔、籽棉分离器等，还需配套籽棉绞龙、热风炉鼓风机、引烟风机、吸籽棉风机。工艺布局应合理，与原工艺衔接时有切换阀门控制加湿与否。

（3）工作原理：外部空气在热风炉鼓风机的作用下，首先被吹送到热风炉内被加热成热空气；然后热空气进入雾化器内，在雾化水的喷淋下，转化成需要的高温高湿气流；高温高湿气流通过保温连接管道送到籽棉控制箱，与籽棉混合被输送到籽棉加湿塔内，对籽棉加湿。加湿后的籽棉最后被送到轧花机。

6. MCZF 型除尘机组

MCZF 型除尘机组是郑州棉麻工程技术设计研究所设计、制造的适合于棉花、化纤等加工行业除尘的新型设备。MCZF 型除尘机组适用于棉、毛、麻、丝、化纤等加工行业的含有纤维性粉尘空气的过滤、净化和对有效纤维的回收。经过滤后空气含尘浓度可达到国家排放标准。

（1）主要特点：

① 滤尘效果好、除尘效率高。

② 处理风量大，阻力小。

③ 一级圆盘过滤器和二级尘笼过滤器集中于金属箱体内，结构简单、紧凑，克服了棉花加工行业以往除尘系统体积大、投资大、占地面积大等缺陷，不需设置专门尘室。

④ 滤料采用不锈钢网，阻燃性能好。

⑤ 一级圆盘过滤器可把长纤维分离出来进行回收，二级尘笼过滤器收集的短纤维，经处理后可做三道绒。

⑥ 实现机电一体化，设备启动可单机启动或联动。配备压力监测系统，以便及时调整系统内工况。

⑦ 易操作,好管理。操作只需启动按钮,设备留有观察窗,箱体内设有工作灯,可随时观察机组内运行情况。

⑧ 安装维修,方便快捷。本机组为拼装结构,箱体及尘笼用螺栓连接,拆装方便,可移动使用。传动部位不隐蔽,机内易损件少,维修简便易行,降低了维护保养工作的劳动强度。

主要规格及参数见表 7-7。

表 7-7　MCZF 型除尘机组规格参数

项目		MCZF-8B	MCZF-10B
过滤风量(米^3/小时)		80 000	100 000
一级滤尘阻力(帕)		<20	<20
二级滤尘阻力(帕)		<320	<320
滤后空气含尘浓度(毫克/米^3)		<120	<120
总配备功率(千瓦)		22. 87	25. 62
外形尺寸	长 L(毫米)	≤8 900	≤9 700
	宽 B(毫米)	≤4 000	≤4 000
	高 H(毫米)	≤3 600	≤3 600

(2) 主要结构及工作原理:MCZF 型除尘机组为箱体式,由一级圆盘过滤器(包括转动吸嘴)、二级尘笼过滤器(包括往复吸嘴)、一级旋风分离器、二级旋风分离器、混风箱(含尘空气进口)和传动机构等主要部分组成(图 7-19)。

MCZF 型除尘机组利用负压原理进行过滤,达到空气净化目的。含尘空气进入一级圆盘过滤器前面的混风箱,通过圆盘过滤器除去纤维及大尘杂。圆盘过滤器与机组箱体密封固定在一起,连续回转的转动吸嘴将阻留在圆盘过滤器上的纤维、尘杂通过一级集尘风机吸送到一级旋风分离器内,进行分离回收,由纤维挤压器排出。经圆盘过滤器过滤后的含尘空气进入二级尘笼过滤器,空气由外向内进行二次过滤,过滤后的净化空气由排风轴流风机直接排放。过滤下来的短纤维和灰尘,由往复吸嘴吸除,通过二级集尘风机将短纤维和灰尘吸送到二级旋风分离器进行尘、气分离,分离出的短纤维通过粉尘挤压器排出。

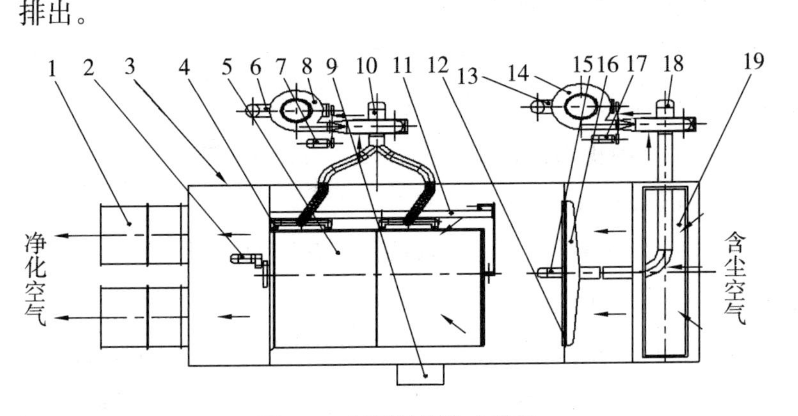

图 7-19 MCZF 型除尘机组

1. 排风轴流风机 2. 尘笼减速电机 3. 金属板箱机 4. 往复吸嘴 5. 二级尘笼过滤器 6. 粉尘挤压器 7. 粉尘挤压器减速电机 8. 二级旋风分离器 9. 配电柜 10. 二级集尘风机 11. 往复机构 12. 一级圆盘过滤器 13. 纤维挤压器 14. 一级旋风分离器 15. 一级吸嘴减速电机 16. 转动吸嘴 17. 纤维挤压器减速电机 18. 一级集尘风机 19. 混风箱(含尘空气进口)

(三) 江苏南通 MDY400 型液压打包机

江苏南通产 MDY400 型液压打包机,生产国际通用包型的 I 型包,用于棉花、化纤、麻类、草类、药材等类似松散物料的压缩成包,具有自动化程度高、安全可靠、操作简单、维护方便、节省包装运输费用等特点。

1. 技术规格及主要参数

公称力 4 000 千牛，包形尺寸 1 400×530×700（毫米），成包重量（皮棉）227 千克±10 千克，压缩高度 485～500（毫米），台时产量（皮棉）4. 5 吨，装机容量（包括辅机）82. 4 千瓦，整机重量约 55 吨。

2. 主要部件和配套件的规格参数

（1）主油缸（两套）：油缸内径 360 毫米，活塞杆外径 290 毫米，活塞杆行程 2 265 毫米（2 345 毫米）。

（2）整体棉箱：内部尺寸 1 360×500×2 650（毫米），棉箱有效容积 1. 8 米^3。

（3）喂棉与踩压：由液压缸完成，踩压力 70 千牛，频率 5～6 次/分。

（4）控制系统：液压控制系统采用的是二通插装阀，电气控制系统采用的是可编程序控制器（PLC）。

（5）主要电机：主压电机型号 Y225M-4，功率 45 千瓦；预压电机型号 Y200L-4，功率 30 千瓦；转箱减速机型号 BSY131A-17×11-0. 75（摆线针轮减速机，该减速机为电机直联型，电机功率为 0. 75 千瓦。该电机在下文及有关原理图中被称为转箱电机）。

3. 结构与作用

（1）整机结构：MDY400 型液压打包机由液压控制系统、电气控制系统、主机、辅机四大部分组成。

液压控制系统是打包机的主要动力源，为主机各液压缸提供压力油，由两套油箱组成。液控系统以油箱为平台，电机、泵、阀等与油箱组成一个整体，方便安装接管。

电气控制系统由电气箱与操纵台两部分组成。电气箱置于油泵房内，内部装有各电机的主电路及各种保护器；操纵台